FIT FÜR DIE SCHULE

# TESTS

3. Klasse

mit Lernzielkontrolle

# Deutsch

von Peter Kohring

# Deutsch 3. Klasse

# Test 1: Namenwort und Begleiter

## 1 Ordne die Namen der Baumarten alphabetisch.

5 / 9

Erle \ Buche \ Eiche \ Tanne \ Fichte \ Ulme \ Birke \ Kiefer \ Ahorn

Ahorn, Birke, Buche, Eiche,
Erle, Fichte, Kiefer, Tanne, Ulme

## 2 Hier findest du Namen von Küchengegenständen. Schreibe sie in Groß- und Kleinbuchstaben auf. Ein Wort passt nicht. Unterstreiche es.

6 / 7

HERDKÜHLSCHRANKSOFATELLERBESTECKTASSETOPF

Herd, Kühlschrank, Teller,
Beschteck, Tasse, Topf

## 3 Hier sind die Buchstaben durcheinandergeraten. Wie heißen die Obstsorten? Schreibe in Groß- und Kleinbuchstaben auf.

3 / 5

NEIRB / FELAP / SCHEIRK / NEORAG / PFISICHR

Birne, Apel, Kirsche, Orange, Pfirsich
Birne, Apfel,

## 4 Die Gegenstände wurden in Geheimschrift notiert. Gleiche Zeichen bedeuten gleiche Buchstaben. Welche Dinge sind gemeint?

4 / 6

B◆s◆n / ◆●m◆r / T◆pp●ch / Sch■le / T▲pf / S▲f■

Besen, Eimer, Teppich, Schale, Topf Sofa

## 5 Vervollständige die Namenwörter und schreibe sie mit ihrem bestimmten Begleiter auf.

6 / 8

Hand Kopf Bein Fuß Knie Rumpf Gelenk Wade

die Hand, der Kopf, das Bein,
der Fuß, das Knie, der Rumpf,
das Gelenk, die Wade

## 6 Notiere die fehlenden unbestimmten Begleiter.

8 / 9

| | | |
|---|---|---|
| das Lineal | das Bilderbuch | die Mappe |
| der Würfel | die Karte | das Spiel |
| der Stift | die Tüte | das Glas |

## 7 Die bestimmten Begleiter haben sich versteckt. Schreibe die Namenwörter mit den Begleitern in Groß- und Kleinbuchstaben auf.

5 / 6

FARBDERKASTEN / KÜCHENDIETÜR / SPRINGDASSEIL
BRIEFDERKASTEN / ROLLDIESCHUHE / FENSTERDASGLAS

Der Farbkasten, Die Küchentür,
Das Springseil, Der Briefkasten,
Die Rollschuhe, Das Fensterglas.

## 8 Mit dem zweiten Teil eines zusammengesetzten Namenwortes beginnt jeweils ein neues zusammengesetztes Namenwort. Schreibe alle Namenwörter mit dem bestimmten Begleiter auf.

7 / 10

TENNISBALLKLEIDERSCHRANKTÜR
SCHLOSSGARTENHAUSTIERPARKBANK

Der Tennisball, Der Kleiderschrank
Das Türschloss, Gartenhaus, Haustier
Parkbank

## 9 Die Namen der Gegenstände sind in Geheimschrift notiert. Schreibe die Namenwörter mit dem bestimmten Begleiter auf.

5 / 6

S▯tt▯l / Kl▯ng▯l / R▯▯f▯n / L▯mp▯ / L▯nkst▯ng▯ / L▯ftp▯mp▯

Sattel, Klingel, Reifen, Lampe
Lenkstange, Luftpumpe.

**Meine Punkte:** 49 / 66

# Test 2: Zusammengesetzte Namenwörter

**1** **Schreibe die Namenwörter jeweils in der Einzahl und in der Mehrzahl mit dem bestimmten Begleiter auf.** 4 / 14

Tisch / Lampe / Heft / Tanne / Fisch / Klasse / Tor

Der Tisch/e die Lampe/n das Heft/e die Tanne/n
Der Fisch/e die Klasse/n das Tor/e

**2** **Schreibe die Namenwörter der Buchstabenschlange in der Einzahl und Mehrzahl ohne Begleiter auf.** 10 / 16

LAUSMAUSHAUSBAUMDACHFACHHALSDAMM

Laus Läuse, Maus Mäuse, Haus Häuser,
Baum Bäume, Dach Dächer, Fach Fächer,
Hals Hälse, Damm Dämme

**3** **Schreibe alle Namenwörter auf, von denen du keine Mehrzahl bilden kannst.** 5 / 9

| | | | | | | | | |
|---|---|---|---|---|---|---|---|---|
| Haus | Mut | Tisch | Decke | Bett | Treue | Volk | Glas | Buch |
| Mist | Mann | Furcht | Frau | Glück | Seite | Wetter | Wand | Schnee |
| Stift | Birne | Apfel | Obst | Fisch | Boot | Uhr | Dank | Blatt |

Mut, Treue, Mist, Glück, Wetter, Schnee,
Obst, Dank

**4** **Bei welchen Namenwörtern sind Einzahl und Mehrzahl gleich? Schreibe sie auf.** 7 / 9

| | | | | | | | | |
|---|---|---|---|---|---|---|---|---|
| Zeiger | Kuchen | Messer | Topf | Tüte | Pfanne | Teller | Tasse | Wecker |
| Brot | Buch | Apfel | Fenster | Löffel | Kalender | Wurst | Dach | Kabel |

Zeiger, Messer, Teller, Wecker, Fenster,
Löffel, Kallender, Kabel

**5** Was gehört zusammen? Bilde aus den Wörtern der oberen und unteren Zeile sinnvolle zusammengesetzte Namenwörter. ☐ / 9

| | | | | | | | | |
|---|---|---|---|---|---|---|---|---|
| Feder | Haus | Kinder | Eis | Licht | Regen | Blumen | Bilder | Spiel |
| Bär | Rahmen | Schirm | Ball | Tür | Garten | Sachen | Topf | Schalter |

Hausrahmen, Kinderschirm, Eistür, Lichts

**6** Setze die Bausteine zusammen und schreibe die zusammengesetzten Namenwörter mit Groß- und Kleinbuchstaben auf. ☐ / 8

| | | | |
|---|---|---|---|
| TISCH | TUCH | FENSTER | GLAS |
| DECKEN | LAMPE | BILDER | RAHMEN |
| TÜR | SCHLOSS | RING | FINGER |
| KÜCHEN | UHR | SCHUH | SCHRANK |

**7** Bilde zusammengesetzte Namenwörter. ☐ / 12

| | | | | | | | |
|---|---|---|---|---|---|---|---|
| | Tür | | Stand | | Ball | | Ufer |
| Haus | Aufgabe | Hand | Bremse | Fuß | Boden | Fluss | Bett |
| | Arzt | | Ball | | Tritt | | Pferd |

Meine Punkte: ☐ / 77

# Test 3: Steigerung des Wieworts

**1** **Die Wörterschlange hat acht Wiewörter verschluckt. Schreibe sie der Reihe nach auf.** ☐ / 8

FARBIGKRANKLEISEBEKANNTENGECKIGHUNGRIGSCHMAL

**2** **Schreibe jeweils das Gegenteil auf.** ☐ / 5

krank leise eckig lang schmal

**3** **Ordne die Wiewörter nach den Eigenschaften.** ☐ / 8

rund / breit / rot / weiß / spitz / schwarz / grün / hoch

**Form:**

**Farbe:**

**4** **Steigere die folgenden Wiewörter (1. Steigerungsstufe).** ☐ / 12

| | | |
|---|---|---|
| stark | groß | lang |
| kurz | dick | breit |
| weit | eng | nah |
| arm | hart | alt |

## 5 Ergänze die Sätze mit den Wörtern der Wörtersammlung. ___ / 4

breiter / älter / höher / tiefer

Ein Lehrer ist ________ als ein Schüler.

Ein Fluss ist ________ als ein Bach.

Ein Berg ist ________ als ein Hügel.

Eine Straße ist ________ als ein Weg.

## 6 Steigere die Wiewörter und fülle die Tabelle aus. ___ / 9

| Grundstufe | 1. Steigerungsstufe | 2. Steigerungsstufe |
|---|---|---|
| klein | kleiner | am kleinsten, der kleinste |
| lang | | |
| stark | | |
| alt | | |

## 7 Vervollständige die Tabelle. ___ / 9

| Grundstufe | 1. Steigerungsstufe | 2. Steigerungsstufe |
|---|---|---|
| dick | | |
| | besser | |
| warm | | am wärmsten, der wärmste |
| | | am höchsten, der höchste |

**Meine Punkte:** ___ / 55

# Test 4: Gegenwart und Vergangenheit

**1** **Unterstreiche die Tunwörter und schreibe die Grundform auf.** ☐ / 10

Anne schläft schon. Die Kirchturmuhr schlägt Mitternacht. Plötzlich hört sie ein lautes Poltern. Vor Angst hält sie ihre Hände vor das Gesicht. Leise steht sie auf und blickt durch das Schlüsselloch. Ein Gespenst reißt die Tür auf. Anne flieht unter ihr Bett. Das Gespenst stolpert. Es stürzt auf den Boden.

________________________________________

________________________________________

**2** **Schreibe die Tunwörter aus Aufgabe 1 in der 1. Vergangenheit auf.** ☐ / 10

________________________________________

________________________________________

________________________________________

**3** **Setze in die Lücken die fehlenden Tunwörter in der Gegenwart ein.**
**In der Wörtersammlung findest du alle Tunwörter in der Grundform:** ☐ / 8

stehen / leuchten / heulen / rasen / geraten / landen / steigen / gehen

Der Rennwagen __________ am Start. Die Ampel __________ grün auf.

Der Motor __________ laut auf. Der Wagen __________ davon.

In der ersten Kurve __________ er ins Schleudern und __________ im Kiesbett.

Unversehrt __________ der Fahrer aus. Das Rennen __________ weiter.

**4** **Schreibe die Tunwörter aus Aufgabe 3 in der Vergangenheit auf.** ☐ / 8

________________________________________

________________________________________

________________________________________

## 5 Schreibe die Tunwörter in der Gegenwart und Vergangenheit auf.

☐ / 12

| Grundform | Gegenwart | Vergangenheit |
|---|---|---|
| kommen | er | er |
| gehen | er | er |
| rufen | er | er |
| finden | er | er |
| sehen | er | er |
| binden | er | er |

## 6 Schreibe jeweils die Grundform des Tunworts auf.

☐ / 8

schlief / warf / hing / stieß / strich / las / blies / nahm

______________________________

______________________________

## 7 Bilde die Vergangenheitsform.

☐ / 10

| | | | |
|---|---|---|---|
| biegen | er ____ | kriechen | er ____ |
| brummen | es ____ | binden | er ____ |
| landen | er ____ | fliegen | er ____ |
| lügen | er ____ | brechen | es ____ |
| nehmen | er ____ | geben | er ____ |

**Meine Punkte:** ☐ / 66

# Test 5: Satzarten erkennen

**1** **Füge die passenden Tunwörter in der Gegenwart in die Aussagesätze ein.** ___ / 5

stehen / warten / untersuchen / kommen / geben

Mein Vater ______ früh auf. In der Praxis ______ schon die Patienten.

Zunächst ______ er einen kleinen Hund. Danach ______ eine Katze

an die Reihe. Er ______ ihr eine Spritze.

**2** **Hier sind alle Sätze zusammengerutscht. Trenne sie wieder und schreibe sie auf.** ___ / 5

NINASPIELTMITIHREMHUNDNINAWIRFTIHMEINENBALLZUDERHUND
FÄNGTDENBALLAUFERBRINGTIHNZURÜCKNINALOBTIHRENHUND

______

______

______

**3** **Bilde die Aufforderungssätze. Nina fordert ihren Hund auf:** ___ / 4

Er soll den Ball auffangen. F______

Er soll den Ball holen. ______

Er soll den Ball bringen. ______

Er soll den Ball ablegen. ______

**4** **Daniels Eltern fordern ihn ständig auf, dies und das zu tun. Schreibe die Aufforderungssätze auf.** ___ / 5

endlich aufstehen / langsam frühstücken / vorsichtig Rad fahren /
still sitzen / sich öfter melden

St______

______

## 5 Leon kommt vom Klassenausflug zurück. Seine Mutter will einiges wissen. Bilde die Fragesätze.

☐ / 7

Sie fragt, …

| | |
|---|---|
| … ob alle Schüler pünktlich waren. | Waren |
| … wann der Bus abgefahren ist. | |
| … wie der Ausflug allen gefallen hat. | |
| … wie lang die Wanderung gedauert hat. | |
| … ob jemand verletzt worden ist. | |
| … ob die Klasse den Zoo besucht hat. | |
| … ob das Taschengeld gereicht hat. | |

## 6 Julias älterer Bruder hat zwei Wochen auf Korsika verbracht. Nun will Julia vieles wissen. Bilde die Fragesätze.

☐ / 7

Sie fragt, …

| | |
|---|---|
| … ob es im Urlaub geregnet hat. | Hat |
| … ob er einen Tauchkurs belegt hat. | |
| … was der Tauchkurs gekostet hat. | |
| … wie ihm die Unterkunft gefallen hat. | |
| … wie lang der Flug gedauert hat. | |
| … ob er seine Freunde getroffen hat. | |
| … ob ihm das Essen geschmeckt hat. | |

**Meine Punkte:** ☐ / 33

# Test 6: Satzgegenstand und Satzaussage

## 1 In den Sätzen fehlt der Satzgegenstand. Setze die passenden Satzgegenstände ein.

/ 8

ein Gewitter / die Vögel / er / der Himmel / ein heftiger Wind / grelle Blitze / die ersten Regentropfen / dumpfer Donner

__________ zieht auf. __________ verdunkelt sich.

__________ verstecken sich. Durch die Straßen tobt __________ .

__________ rüttelt an den Rollläden. Jetzt fallen __________ .

__________ erschrecken die Tiere. __________ grollt in der Ferne.

## 2 Unterstreiche in den Sätzen den Satzgegenstand.

/ 9

In der Nacht tobt ein heftiges Gewitter. Fernes Grollen weckt die Menschen auf. Plötzlich erhellt ein greller Blitz den nächtlichen Himmel. Vater schließt im Haus alle Fenster. Mutter beruhigt die Kinder. Sie beobachten hinter den Fensterscheiben den Wind. Er rüttelt an den Bäumen. Plötzlich bricht ein Ast ab. Er fällt auf das Dach des Nachbarhauses.

## 3 Wie heißen die Satzgegenstände? Unterstreiche sie.

/ 9

Am Morgen stehen viele Menschen auf der Straße. Sie betrachten die Schäden. Dachziegel liegen auf dem Hof. Überall liegen abgerissene Äste. Die Feuerwehr pumpt einige Keller aus. Ein Baum ist auf ein Auto gefallen. Durch die Straßen fährt die Straßenkehrmaschine. Ein Zeitungsreporter befragt die Menschen. Das Regenwasser läuft nur langsam ab.

## 4 Setze die passenden Satzgegenstände ein.

/ 6

der Hamster / der Hund / die Schildkröte / der Vogel / die Katze / das Pferd

__________ bellt den Fremden an. __________ rennt im Laufrad.

__________ pickt das Futter auf. __________ frisst eine Tomate.

__________ springt auf das Sofa. __________ wiehert im Stall.

## 5 Erfrage in den folgenden Sätzen die Satzaussage und unterstreiche sie.

☐ / 8

In der Lindenstraße brennt es. Die Bewohner stürzen auf die Straße. Ein Nachbar alarmiert die Feuerwehr. Bald danach rast ein Feuerwehrauto über die Kreuzung. Jetzt hält das Auto an. Die Feuerwehrmänner springen aus dem Auto. Der Kommandant gibt die Befehle. Zwei Feuerwehrmänner rollen einen Schlauch aus.

## 6 Setze die passenden Satzaussagen ein.

☐ / 5

ertönen / rollen / beobachten / rasen / löschen

In der Nacht ________________ eine Sirene.

Ein Feuerwehrauto ________________ über die Kreuzung.

Die Nachbarn ________________ das Geschehen.

Die Feuerwehrleute ________________ die Schläuche aus.

Sie ________________ den Brand.

## 7 Unterstreiche in den Sätzen die Satzaussagen.

☐ / 10

Ein kleines Kätzchen sitzt auf einem hohen Baum. Es schreit laut und kläglich. Der Nachbar holt eine lange Leiter. Langsam steigt er die Leiter hinauf. Jetzt packt er das Kätzchen und nimmt es in seinen Arm. Er klettert die Leiter hinunter. Die Zuschauer klatschen Beifall. Jetzt steht der Nachbar auf dem Boden. Die Katze springt davon.

**Meine Punkte:** ☐ / 55

# Test 7: Selbstlaute und Umlaute

**1** Ergänze die fehlenden Selbstlaute.
Gleiche Zeichen bedeuten gleiche Selbstlaute.

/ 6

V_g_l     R_b_     H_s_     F_sch     R_h     Pf_rd

**2** Schreibe alle Namenwörter auf, bei denen der Selbstlaut kurz gesprochen wird. Schreibe in Groß- und Kleinbuchstaben auf.

/ 4

WAGENFISCHSOHLEHUNDTUCHGRASKATZERIND

**3** Kannst du die Namenwörter erkennen?
Schreibe nur die Namenwörter auf, bei denen der Selbstlaut lang gesprochen wird.

/ 3

Besen   Duft   Mann   Kissen   Dose   Bett   Vase

**4** Ordne die Namenwörter.

/ 8

Bild / Fisch / Bahn / Blatt / Los / Tisch / Zahn / Lohn

| kurz gesprochener Selbstlaut | lang gesprochener Selbstlaut |
|---|---|
| | |
| | |
| | |
| | |

## 5 Bilde die Mehrzahl der folgenden Namenwörter. ☐ / 9

| | | | | | |
|---|---|---|---|---|---|
| Lamm | ☐ | Baum | ☐ | Blatt | ☐ |
| Tuch | ☐ | Fach | ☐ | Gras | ☐ |
| Maus | ☐ | Damm | ☐ | Fass | ☐ |

## 6 In den Sätzen sind alle Selbstlaute und Umlaute weggelassen. Setze sie ein. Für jeden Buchstaben gibt es einen halben Punkt. ☐ / 28

G__st__rn m__cht__ __ns__r__ Kl__ss__ __ __n__

W__nd__r__ng z__m V__g__lp__rk. D__ __ St__rch__

h__tt__n J__ng__ b__k__mm__n, d__ __ g__f__tt__rt

w__rd__n m__sst__n. __bw__chs__lnd fl__g__n d__ __

__lt__rn f__rt __nd br__cht__n F__tt__r z__m N__st.

## 7 Bilde aus den Namenwörtern das passende Wiewort. ☐ / 4

die Gefahr __________lich das Dorf __________lich

der Bruch __________ig der Mann __________lich

## 8 Bilde aus den Namenwörtern die passenden Tunwörter. ☐ / 4

die Luft __________en der Sturz __________en

der Gruß __________en die Wahl __________en

**Meine Punkte:** ☐ / 66

# Test 8: Ähnlich klingende Laute

**1** **Überlege, von welcher Grundform diese Wörter abgeleitet sind, und schreibe sie auf.** ☐ / 8

Gräser / Bäume / Mäuse / Häuser / Räuber / käuflich / bläulich / Sträucher / räumen

Gras

**2** **In den Wörtern fehlt äu oder eu. Leite die Wörter ab und setze dann die fehlenden Buchstaben ein.** ☐ / 14

Z_____ne / H_____ser / L_____te / Kr_____z / Fr_____nd / Str_____cher / R_____ber /

H_____ / b_____gen / r_____men / l_____ten / tr_____men / f_____ern / m_____tern

**3** **Setze in die Lückenwörter e oder ä ein.** ☐ / 12

G__rtner / Bl__ch / B__cher / F__sser / B__ttler / B__cker /

__ndlich / t__glich / h__rzlich / gef__hrlich / sch__dlich / n__mlich

**4** **Bilde aus den Namenwörtern die passenden Tunwörter.** ☐ / 6

| | |
|---|---|
| der Traum | der Haufen |
| der Laut | die Haut |
| der Schaum | der Raum |

**5** **Suche alle Namenwörter mit äu. Schreibe in Groß- und Kleinbuchstaben auf.** ☐ / 5

| | | | | | | | |
|---|---|---|---|---|---|---|---|
| K | R | O | K | J | Z | T | G |
| K | R | Ä | U | T | E | R | D |
| H | E | M | N | D | E | H | L |
| Z | Ä | U | N | E | G | H | E |
| H | G | W | E | U | Ä | K | R |
| E | R | B | Ä | U | M | E | N |
| R | Ä | U | M | E | F | O | B |
| J | G | T | R | Ä | U | M | E | S |

## 6 Steigere die Wiewörter (1. und 2. Steigerungsstufe).

/ 6

nah ______ ______

arm ______ ______

schwach ______ ______

## 7 Schreibe zu den Tunwörtern ein passendes Namenwort.

/ 5

laufen, der Läufer

backen, das G______

lachen, das G______

packen, das G______

wachen, der W______

bauen, das G______

## 8 Fülle die Lücken aus, indem du die Einzahl bildest.

/ 10

viele Bäder, ein ______

viele Träume, ein ______

viele Wälder, ein ______

viele Decken, eine ______

viele Bäche, ein ______

viele Stellen, eine ______

viele Kämme, ein ______

viele Mäuse, eine ______

viele Wellen, eine ______

viele Ställe, ein ______

Meine Punkte: / 66

# Test 9: Ähnlich klingende Mitlaute B/b und P/p

**1** **In jedem Wort fehlt der Anfangsbuchstabe B oder P. Setze ihn ein.** ☐ / 12

___all ___alme ___auch ___latt ___ech ___latz

___ark ___eet ___izza ___ferd ___oot ___erg

**2** **Im Wortinnern fehlt der Buchstabe b oder p. Setze ihn ein.** ☐ / 12

le___en ge___en stol___ern schwe___en hum___eln stram___eln

trei___en rei___en hu___en pie___en stre___en tra___en

**3** **Finde heraus, ob die Wörter auf b oder p enden.** ☐ / 10

der Die___ das Sie___ das Gra___ der Kor___ das Kal___

der Sta___ das Lau___ der Lum___ der Rau___ der Trie___

**4** **Wie heißt der Buchstabe am Wortende: b oder p?** ☐ / 8

gel___ lie___ gro___ plum___

tau___ trü___ hal___ her___

**5** **Wie heißt der fehlende Buchstabe? Denke dabei an das passende Tunwort.** ☐ / 9

erlau?en / rau?en / trei?en / hu?en / pum?en / stau?en / kle?en / fär?en / rei?en

die Erlau___nis das Rau___tier der Trei___stoff

die Hu___e das Pum___werk das Stau___tuch

der Kle___stoff der Far___stoff die Rei___fläche

**6** **Schreibe die Namenwörter mit dem bestimmten Begleiter auf.** ☐ / 6

Trau

Gru Hu

be
pe

Tau Lu

Rau

______________________

______________________

______________________

______________________

______________________

______________________

**7** **Setze die Tunwörter an der richtigen Stelle ein.** ☐ / 6

reiben / schreiben / humpeln / geben / kleben / stolpern

Tina __________ über einen Stein.

Der Dieb __________ nach Hause.

Anna __________ ihrer Freundin eine Postkarte.

Tim __________ eine Briefmarke auf seine Postkarte.

Am Morgen __________ sich Lisa die Augen.

In zwei Wochen __________ Kai sein ganzes Taschengeld aus.

**8** **Suche immer das Gegenteil.** ☐ / 3

trüb / grob / lieb

nicht böse, sondern __________

nicht fein, sondern __________

nicht klar, sondern __________

**Meine Punkte:** ☐ / 66

# Test 10: Ähnlich klingende Mitlaute D/d und T/t

**1** **In jedem Wort fehlt der Anfangsbuchstabe D oder T. Setze ihn ein.** ☐ / 14

___elfin ___ieb ___ier ___ag ___eig

___ampf ___eller ___achs ___iger ___rommel

___rachen ___ecke ___anz ___ach

**2** **Die Buchstaben d und t haben sich im Wortinnern versteckt. Setze die fehlenden Buchstaben ein.** ☐ / 10

Wun___e El___ern Lie___er Lei___er Stun___e

wan___ern wen___en ra___en glei___en rich___en

**3** **Bilde die Mehrzahl und entscheide dann, ob das Wort mit d oder t endet.** ☐ / 16

das Klei___ der Wal___ das Boo___ das Hef___

das Bee___ das Kin___ das Pfer___ der Hun___

das Lich___ der Mun___ das Zel___ das Ra___

das Gel___ das Bro___ der Arz___ das Hem___

**4** **In dem Buchstabenfeld haben sich neun Namenwörter versteckt. Schreibe sie in Groß- und Kleinbuchstaben auf.** ☐ / 9

| | | | | | | | | |
|---|---|---|---|---|---|---|---|---|
| H | A | N | D | G | H | J | L | W |
| U | M | L | F | G | E | L | D | U |
| T | T | H | W | I | L | D | B | T |
| X | S | B | I | L | D | R | A | D |

## 5 Notiere das Gegenteil. ☐ / 8

gut / alt / kalt / rund / laut / weit / breit / wild

| | | | | | |
|---|---|---|---|---|---|
| nicht zahm, | sondern | ____ | nicht leise, | sondern | ____ |
| nicht schmal, | sondern | ____ | nicht warm, | sondern | ____ |
| nicht eng, | sondern | ____ | nicht jung, | sondern | ____ |
| nicht eckig, | sondern | ____ | nicht böse, | sondern | ____ |

## 6 Falsch verbunden! Kombiniere die Namenwörter richtig. ☐ /14

| | | | |
|---|---|---|---|
| Baumtasche | Handhaus | ____ | ____ |
| Handstück | Frühtuch | ____ | ____ |
| Brotbuch | Malteig | ____ | ____ |
| Bettschirm | Sonnendecke | ____ | ____ |
| Niltag | Festpferd | ____ | ____ |
| Taucherbrot | Butterbrille | ____ | ____ |
| Wanderwanne | Badepfad | ____ | ____ |

## 7 Setze die Wörter in den Text ein. ☐ / 6

Abend / Mond / Hand / Hund / Wind / Bett

Es ist später ____. Der ____ ist aufgegangen. Nina kann ihre ____ kaum vor den Augen erkennen. In der Ferne heult ein ____. Der ____ weht. Nina kriecht schnell in ihr ____.

**Meine Punkte:** ☐ / 77

# Test 11: Ähnlich klingende Mitlaute G/g und K/k

**1** **In jedem Wort fehlt der Anfangsbuchstabe G oder K. Setze ihn ein.** ☐ / 10

| | | | | |
|---|---|---|---|---|
| ___eld | ___offer | ___ummi | ___emüse | ___affee |
| ___ino | ___olf | ___amel | ___lück | ___ranz |

**2** **Diese Tunwörter beginnen mit dem Buchstaben g oder k. Ergänze den Anfangsbuchstaben.** ☐ / 10

| | | | | |
|---|---|---|---|---|
| ___länzen | ___lagen | ___eben | ___ommen | ___raben |
| ___rüßen | ___leben | ___leiten | ___ennen | ___lauben |

**3** **In jedem Namenwort fehlt der letzte Buchstabe g oder k. Setze ihn ein. Wenn du unsicher bist, überlege, wie die Mehrzahl oder das entsprechende Tunwort heißt.** ☐ / 20

| | | | | |
|---|---|---|---|---|
| Sie___ | Krie___ | Din___ | Bur___ | Köni___ |
| Ber___ | Ban___ | Klan___ | Gesan___ | Pflu___ |
| Kru___ | Erfol___ | Fan___ | Spu___ | Essi___ |
| Dan___ | Betru___ | Käfi___ | Flu___ | Dran___ |

**4** **In jedem Tunwort fehlt der Buchstabe g oder k. Setze ihn ein. Wenn du unsicher bist, überlege, wie die Grundform heißt.** ☐ / 14

| | | | | |
|---|---|---|---|---|
| er fän___t | sie trä___t | er len___t | sie sprin___t | er sor___t |
| er schen___t | sie trin___t | sie dan___t | es bewe___t | sie fra___t |
| es wir___t | sie win___t | er mer___t | es stin___t | |

## 5 Setze die fehlenden Buchstaben ein und schreibe das Wiewort in der Grundform daneben.

__ / 9

der stren___e Lehrer ______

das schrä___e Dach ______

der lan___e Rock ______

die schlan___e Figur ______

der star___e Sportler ______

das kran___e Kind ______

der klu___e Schüler ______

die en___e Hose ______

das wel___e Blatt ______

## 6 Setze die Buchstaben g oder k in die Lücken ein.

__ / 9

Das Auto bie___t um die Ecke.

Der Torwart fän___t den Ball.

Nach dem Zusammenstoß sin___t das Schiff.

Am Sonntag lie___t er länger im Bett.

Der Wind bewe___t die Blätter.

Oma win___t dem Besuch nach.

Die Ampel am Bahnübergang blin___t.

Sie bedan___t sich für das Geschenk.

Der Vogel flie___t in sein Nest.

## 7 Setze die fehlenden Buchstaben g oder k ein und schreibe die Wörter auf.

__ / 5

arti___ fleißi___ muti___ kran___ star___

______

______

**Meine Punkte:** __ / 77

# Test 12: Mitlautverdopplung

**1** **Fülle die Lücken in den Namenwörtern jeweils mit zwei gleichen Mitlauten aus.** / 12

| | | |
|---|---|---|
| der Ka____ | die Pu____e | das Be____ |
| das Bla____ | das Schi____ | der Lö____el |
| die Ta____e | die Spi____e | der Te____er |
| das Me____er | der Ba____er | die So____e |

**2** **Fülle die Lücken in den Tunwörtern jeweils mit zwei gleichen Mitlauten aus.** / 24

| | | | |
|---|---|---|---|
| ko____en | sti____en | kä____en | bru____en |
| ke____en | re____en | ne____en | kö____en |
| ro____en | be____en | scha____en | ha____en |
| wi____en | schi____en | ti____en | ni____en |
| mü____en | mu____en | spe____en | kna____en |
| be____eln | ra____ern | fla____ern | kle____ern |

**3** **Schreibe das passende Reimwort auf.** / 9

Mutter / Sonne / Welle / Rille / Damm / Nummer / schallen / kennen / fett

| | | | |
|---|---|---|---|
| Butter | | Tonne | |
| Brille | | Stamm | |
| Stelle | | Kummer | |
| nett | | rennen | |
| fallen | | | |

## 4 Suche die passenden Bausteine und ergänze sie zu sinnvollen Tunwörtern. Jedes Tunwort hat einen doppelten Mitlaut.

/ 24

-ren -ten -nen -len

kön- / rin-
span- / ken-
nen- / spin-

knal- / bel-
fäl- / wol-
sol- / fal-

knar- / schar-
sper- / klir-
mur- / zer-

schüt- / glät-
wet- / bit-
spot- / gestat-

## 5 Schreibe immer das Gegenteil auf.

/ 6

dick ______ langsam ______

gerade ______ dunkel ______

rau ______ hungrig ______

## 6 Ergänze die Sätze in diesem Rätsel.

/ 2

Ein Frosch zum Knallen ist ein ______.

Ein Fenster zum Kippen ist ein ______.

**Meine Punkte:** / 77

# Test 13: Wörter mit doppeltem Selbstlaut

## 1 Ordne die Namenwörter alphabetisch.

/ 18

Schnee / Boot / Meer / Aal / Moos / See / Aas / Saat / Moor / Kaffee / Klee / Idee / Haar / Paar / Waage / Beere / Fee / Saal

## 2 Hier wurden die Wörter falsch zusammengesetzt. Setze sie richtig zusammen.

/ 8

| | |
|---|---|
| Haarmann | Schneespange |
| Eheleiche | Moorpaar |
| Kaffeebeutel | Teebohne |
| Seetür | Saalräuber |

## 3 Hier sind die Buchstaben durcheinandergeraten. Schreibe die Wörter richtig auf.

/ 6

oZo / eSe / erMe / asA / eBte / osMo

## 4 Erkennst du die Wörter in den Sprechblasen? Schreibe sie auf.

/ 10

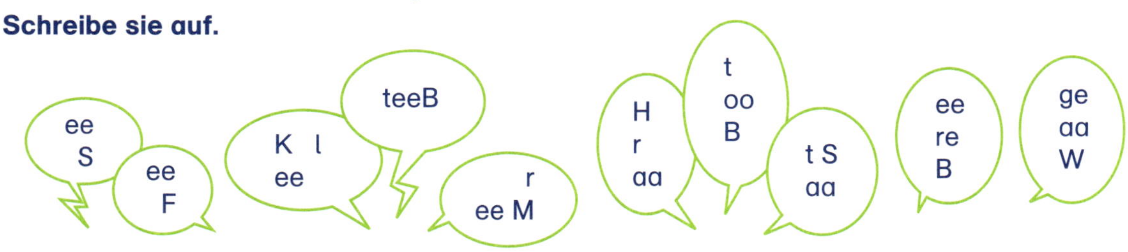

## 5 Ergänze die Sätze in diesem Rätsel. / 6

Zwei zusammengehörige Dinge nennt man ______.

Eine verwesende Tierleiche nennt man ______.

Ein großer Raum heißt ______.

Was auf dem Kopf wächst, nennt man ______.

Ausgesäte Samen bezeichnet man als ______.

Menschen leben zusammen in einem ______.

Aas
Haar
Paar
Staat
Saat
Saal

## 6 Kannst du die Wörter erkennen? Schreibe sie auf. / 7

leer doof Moos Staat Meer See Beere

______

## 7 In dem Buchstabenkasten haben sich elf Wörter mit doppeltem Selbstlaut versteckt. Schreibe sie in Groß- und Kleinbuchstaben auf. / 11

| | | | | | | | | |
|---|---|---|---|---|---|---|---|---|
| S | E | E | F | S | A | A | L | B |
| K | L | I | X | C | A | W | A | M |
| M | O | O | S | H | S | B | N | E |
| E | B | I | O | N | M | E | Z | E |
| T | E | E | B | E | E | R | E | R |
| R | E | S | E | E | L | E | S | T |
| S | T | A | A | T | D | F | G | I |

______

______

______

Meine Punkte: / 66

# Test 14: Dehnungs-h, ie und langes, betontes i

**1** **In den folgenden Tunwörtern fehlt die Buchstabenfolge hn. Setze sie ein.** /6

de_____en  a_____en  gä_____en  ma_____en  stö_____en  lo_____en

**2** **Finde für jedes Wort die passende Buchstabenfolge: ah, äh, eh, oh, öh, uh oder üh. Schreibe die Tunwörter dann auf.** /8

m_____nen  w_____len  d_____nen  w_____nen

st_____nen  f_____len  z_____len  n_____men

**3** **Suche zu den vorgegebenen Wörtern ein Reimwort.** /6

Lohn / wehren / Wahl / Zeh / wühlen / Zahn

Zahl _____  Sohn _____

Bahn _____  Reh _____

fühlen _____  kehren _____

**4** **Geheimschrift! Ordne die Wörter richtig zu.** /5

Huhn / Rahmen / Kohl / Ohr / Gewehr

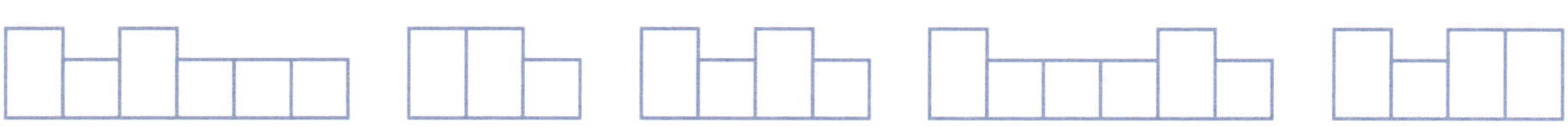

**5** **Geheimschrift! Wie heißen die Wörter?** /8

F[Symbol]hr[Symbol]r / M[Symbol]hl / R[Symbol]h / F[Symbol]hn[Symbol] / K[Symbol]h / R[Symbol]hr / S[Symbol]hn / W[Symbol]hn[Symbol]ng

## 6 Trenne die Namenwörter und schreibe sie in Groß- und Kleinbuchstaben auf.

/ 8

STIERTIERBIENEPAPIERDIEBBRIEFKLAVIERDIENER

## 7 Schreibe zu den Tunwörtern die Vergangenheit auf.

/ 6

schreiben, er ______ reiben, es ______

bleiben, er ______ leihen, er ______

treiben, es ______ scheiden, er ______

## 8 Ordne die Wörter mit dem langen, betonten i nach dem Alphabet.

/ 8

Lawine / Maschine / Praline / Igel / Bibel / Tiger / Gardine / Rosine

## 9 Geheimschrift! Wie heißen die Wörter?

/ 5

## 10 Setze ie oder das Dehnungs-h ein.

/ 6

Zw____bel So____n Wa____l Wo____nung W____se Pap____r

**Meine Punkte:** / 66

# Test 15: Abschlusstest

## 1 Notiere die Namenwörter mit dem bestimmten Begleiter.

/ 10

Zahn / Bein / Fuß / Kopf / Nase

## 2 Schreibe die Namenwörter mit dem bestimmten Begleiter in der Einzahl und Mehrzahl auf.

/ 6

Maus / Floh / Katze

## 3 Bilde zusammengesetzte Namenwörter und schreibe sie auf.

/ 3

Hand

Tuch | Schrift | Schuh

## 4 Steigere die folgenden Wiewörter (1. Steigerungsstufe).

/ 4

nah ______ alt ______ hoch ______ gut ______

## 5 Ergänze die Sätze mit dem passenden Wiewort (1. Steigerungsstufe).

/ 2

Ein Auto fährt ______ als ein Fahrrad.

Ein Floh wiegt ______ als ein Löwe.

## 6 Setze in die Lücken die fehlenden Tunwörter in der Vergangenheit ein.

/ 3

biegen / halten / fahren

Ein Auto ______ um die Ecke. Vor der Ampel ______ es an.

Bei Grün ______ es weiter.

**7** **Schreibe die Grundform des Tunworts auf.** ☐ / 4

er fuhr | sie band | es kam | er log

**8** **Schreibe die Aufforderungssätze auf. Mutter fordert ihren Sohn auf:** ☐ / 2

er soll den Tisch decken

er soll sein Zimmer aufräumen

**9** **Bilde die passenden Fragesätze. Eine Schülerin will wissen:** ☐ / 2

wann die Ferien beginnen

ob morgen der Sport ausfällt

**10** **Setze die fehlenden ähnlich klingenden Mitlaute (b/p, d/t, g/k) ein.** ☐ / 7

gel___ pum___en Wal___

Arz___ ___rün ___lein Krie___

**11** **Setze die fehlenden ähnlich klingenden Selbstlaute (ä/e) ein.** ☐ / 4

F___sser B___cher Fr___mder G___rtner

**12** **Welche doppelten Mitlaute und Selbstlaute fehlen? Setze sie ein.** ☐ / 4

Schi_____ Spi_____e P_____r d_____f

**13** **Setze i, ih oder ie ein.** ☐ / 4

_____nen die B_____bel der Fl_____ger der T_____ger

**Meine Punkte:** ☐ / 55

FIT FÜR DIE SCHULE

# TESTS

3. Klasse

mit Lernzielkontrolle

# Rechtschreibung

von Marianne Bellenhaus

# Rechtschreibung 3. Klasse

# Test 1: Das Alphabet

**1** **Schreibe die Buchstaben auf, die in diesem Alphabet fehlen.** / 13

A C E G J M O P R T V W Y

**2** **Schreibe unter die Zahlen die Buchstaben in der Reihenfolge des Alphabets.** / 2

1 2 3 4 5 6 7 8 9 10 11 12 13

14 15 16 17 18 19 20 21 22 23 24 25 26

**3** **Hier sind die Namen von drei Tieren in Geheimschrift aufgeschrieben: Die Zahlen entsprechen den Buchstaben in der Reihenfolge des Alphabets. Schreibe die Namen der Tiere in Buchstaben auf.** / 3

11 21 8     26 9 5 7 5     19 3 8 1 6

**4** **In jedem Wort ist ein Buchstabe zu viel. Schreibe die Buchstaben auf. Es entsteht ein neues Wort.** / 6

SCHNWEE / SCHLITTIEN / SCHNEEMANNN / TEIS / FREOST / KÄLRTE

**5** Ordne die Namenwörter nach dem Alphabet. / 8

Stall / Traktor / Huhn / Gans / Kuh / Bauernhof / Feld / Wiese

**6** Hier beginnen alle Namenwörter mit dem gleichen Buchstaben. Ordne sie nach dem Alphabet. Achte immer auf den zweiten Buchstaben. / 5

Ameise / Adler / Aal / Antilope / Affe

**7** In dieser Wörterschlange stecken sieben Tunwörter. Unterstreiche ihre Anfangsbuchstaben und ordne die Wörter nach dem Alphabet. / 7

lachenredenspielenmalenwandernessenturnen

**8** Bei den folgenden Wörtern fehlen immer zwei Buchstaben. Es sind bei allen Wörtern die gleichen. Setze die Buchstaben ein und schreibe die Wörter alphabetisch geordnet auf. / 11

w____nen / f____ern / schl____chen / h____len / gr____fen / l____hen /

z____chnen / verw____len / kr____schen / befr____en / abs____len

Meine Punkte: / 55

# Test 2: Harte und weiche Mitlaute

**1** **D oder T? Setze die fehlenden Anfangsbuchstaben ein.** ☐ / 10

___ackel ___afel ___aumen ___inosaurier ___urm

___ienstag ___ecke ___anne ___emperatur ___ier

**2** **Setze die fehlenden Buchstaben ein. Überlege, wie die Mehrzahl der Wörter heißt. Dann weißt du, ob du ein d oder ein t einsetzen musst.** ☐ / 12

Bil___ Hu___ Fel___ Wan___ As___ Boo___

Res___ Wal___ Bar___ Gel___ Wor___ Lan___

**3** **Höre genau hin, ob in diesen Wörtern ein d oder ein t fehlt. Setze die fehlenden Buchstaben ein.** ☐ / 4

An___enne Kalen___er Wan___erschuhe Haarbürs___e

**4** **G/g oder K/k? Setze die fehlenden Anfangsbuchstaben ein.** ☐ / 7

___roßmutter ___ochte ___estern für alle ___inder eine ___roße ___anne ___akao.

**5** **Setze die fehlenden Buchstaben ein: g oder k. Schreibe die Wörter auf.** ☐ / 8

Pin___uin Ti___er Ja___uar Kro___odil

Ka___adu Kän___uru Papa___ei I___el

______________________________________________

______________________________________________

**6** **Mit welchen Buchstaben enden diese Wörter: mit g oder mit k? Setze die fehlenden Buchstaben ein und schreibe die Wörter auf.** ☐ / 5

Ber___ Geträn___ Fabri___ Zwer___ Bur___

**7** **Bei diesen Wörtern hörst du entweder ein b oder ein p. Setze die fehlenden Buchstaben ein.** ☐ / 6

Am___el He___el Trau___en Tul___e Rau___e Sta___el

**8** **Suche die Grundform der Tunwörter. Dann weißt du, ob ein b oder ein p fehlt. Schreibe die Grundform der Tunwörter auf und setze die fehlenden Buchstaben ein.** ☐ / 6

Tim schrei___t einen Brief. Dann kle___t er den Umschlag zu.

Tom he___t den Stein auf. Er gi___t ihn seinem Bruder.

Ben pum___t den Reifen auf. Dann schie___t er das Rad in den Keller.

**9** **Enden diese Wörter mit -be oder mit -pe? Setze die fehlenden Endungen ein und schreibe die Wörter auf.** ☐ / 8

Schei____ Hu____ Kna____ Rü____

Schrau____ Lam____ Trep____ Pum____

**Meine Punkte:** ☐ / 66

# Test 3: Wörter mit Sch/sch, St/st und Sp/sp

**1** Setze bei den folgenden Wörtern immer ein Sch an den Anfang.
Streiche die Wörter durch, die keinen Sinn ergeben. ☐ / 10

______al ______ere ______okolade ______rank ______uh

______quar ______ule ______irm ______klan ______aukel

**2** Was fehlt am Ende der folgenden Wörter: sch oder ss?
Setze die fehlenden Buchstaben ein. ☐ / 12

Ti______ Geräu______ Flu______ Gebü______ Fi______ Nu______

na______ regneri______ bla______ fal______ fri______ hüb______

**3** Immer zwei Tunwörter in dieser Wörterschlange reimen sich.
Schreibe die Reimwörter untereinander. ☐ / 3

zischenrauschenwaschenlauschennaschenwischen

**4** Sch, Sp oder St? Setze bei den Tiernamen die fehlenden
Anfangsbuchstaben ein. ☐ / 10

______orch ______metterling ______wan ______echt ______af

______necke ______impanse ______ier ______wein ______inne

**5** Bilde Wörter aus diesen Buchstaben. Alle drei Wörter beginnen mit Sp. ☐ / 3

S t o p r S i l p e S a p ß

**6** **Setze die Wortstücke zu sinnvollen Wörtern zusammen.** ☐ / 6

| | |
|---|---|
| Spiel- | -ten |
| Schat- | -fe |
| Schlüs- | -zimmer |
| Schlei- | -kel |
| Schim- | -mel |
| Schau- | -sel |

**7** **Schreibe die Wörter auf, die man trennen kann.**
**Streiche die Wörter durch, die man nicht trennen kann.** ☐ / 7

Masten / Weste / List / Kiste / Borsten / Ast / Fest

**8** **In drei von den Wörtern findest du ein St/st.**
**Schreibe diese drei Wörter auf.** ☐ / 3

Timo betrachtet die Schwäne auf dem Teich.
Er bestaunt ihr strahlend weißes Federkleid und ihre stolze Haltung.

**9** **Welche Buchstabenfolge findest du in den Wörtern am häufigsten:**
**das Sch, das St oder das Sp?** ☐ / 1

Schiedsrichter / Sporthalle / Straßenlaterne / Spaßvogel / Stall /
Schaffner / Spaziergang / Sprungbrett / Sterne / Schiff

Das ☐ ist am häufigsten zu finden.

**Meine Punkte:** ☐ / 55

# Test 4: Groß- und Kleinschreibung

**1** **Schreibe von den folgenden Wörtern das Wort auf, das kein Namenwort ist und deshalb nicht großgeschrieben wird.** ___ / 1

HAND / KOPF / HALS / STIRN / ARM / BEIN / BAUCH / FINGER / ZEHEN / SCHULTERN / DÜNN / RÜCKEN

______________________

**2** **Setze die Anfangsbuchstaben aus dem Kasten in die Wörter ein. Achtung: Bei manchen Wörtern musst du überlegen, ob es der große oder der kleine Anfangsbuchstabe sein muss.** ___ / 8

| | | | | | | | |
|---|---|---|---|---|---|---|---|
| Sch | A | M | V | B | sch | m | sch |

_____rzt _____edizin _____wach _____merz

_____ett _____erband _____lafen _____üde

**3** **Trage die Anfangsbuchstaben der Satzanfänge ein.** ___ / 5

___estern ist Pia vom Fahrrad gestürzt. ___ie weinte.

___as Bein tat ihr schrecklich weh. ___s schien gebrochen zu sein.

___er Krankenwagen brachte Pia ins Krankenhaus.

**4** **Hier sind alle Wörter und Sätze zusammengerutscht. Schreibe die drei Sätze auf. Achte auf die Punkte und die Schreibweise der Satzanfänge.** ___ / 3

PialiegtimBettsielangweiltsichendlichkommtBesuch

______________________________________________

______________________________________________

**5** **Zwei der folgenden Wörter werden großgeschrieben. Schreibe sie mit ihren bestimmten Begleitern auf.** ☐ / 2

EINNEHMEN / BITTER / ERKÄLTUNG / NIESEN / KRANK / BETT / FRIEREN / LANGWEILIG

______________________________

**6** **Suche aus den folgenden Wörtern die drei Namenwörter heraus und schreibe sie mit ihren Begleitern auf.** ☐ / 3

HUND / BELLT / KATZE / MIAUT / VOGEL / ZWITSCHERT

______________________________

**7** **Lauter Wörter, die mit einem O/o beginnen! Setze jeweils den großen oder den kleinen Buchstaben ein.** ☐ / 5

__pa __ft __nkel __ktober __ffen

**8** **Drei der folgenden Wörter werden kleingeschrieben. Schreibe sie auf.** ☐ / 3

ALT / HAUS / WIESE / GRÜN / HIMMEL / NACHT / DUNKEL

______________________________

**9** **In jedem Satz ist ein Wort zu viel. Schreibe die überflüssigen Wörter auf. Überlege, ob sie klein- oder großgeschrieben werden müssen.** ☐ / 3

TANJA HAT KOFFER EIN BUCH BEKOMMEN.
ES HANDELT RENNT VON ZWEI KINDERN UND EINEM PONY.
DIE DREI ERLEBEN SPANNENDE ABENTEUER WALD.

______________________________

**Meine Punkte:** ☐ / 33

# Test 5: Endungen

**1** **Welche Endung fehlt: -lich oder -ig?**
**Schreibe die Wörter mit den passenden Endungen auf.** ☐ / 6

freund- / wind- / end- / traur- / brumm- / reich-

**2** **Vier der folgenden Wortstücke können auf -ig enden.**
**Schreibe sie mit dieser Endung auf.** ☐ / 4

salz- / bunt- / rot- / zeit- / berg- / langweil- / donners-

**3** **Bei den folgenden Wörtern fehlt immer die Endung -isch.**
**Nur ein Wortanfang kann nicht mit dieser Endung verlängert werden. Schreibe die Wörter mit -isch auf.** ☐ / 5

stürm- / regner- / prakt- / mürr- / wunder- / wähler-

**4** **Verbinde die Wortanfänge mit den passenden Endungen.**
**Schreibe die entstandenen Wörter auf.** ☐ / 4

| | |
|---|---|
| schlaf- | -sam |
| selt- | -lich |
| bos- | -los |
| winter- | -haft |

**5** Die folgenden Wörter sollen mit der Endsilbe -schaft verlängert werden. Bei zweien passt diese Endung nicht. Schreibe die vier Wörter mit der Endung -schaft auf. ___ / 4

Mann- / Land- / Kleid- / Herr- / Wissen- / Auto-

**6** Auch diese Wörter enden mit der Silbe -schaft. Aber drei Wörter haben sich dazwischengemogelt. Schreibe diese drei auf. ___ / 3

Verwandtschaft / standhaft / Gefolgschaft / Mannschaft / Geschäft / Botschaft / bestraft

**7** Setze die fehlenden Endungen ein. ___ / 4

Eva ruf___. Waldi bell___. Ole guck___. Sonja lach___.

**8** Kreise die Endung ein, die bei diesen Wortanfängen fehlt. ___ / 1

| | |
|---|---|
| Erleb- | |
| Gefäng- | -nis |
| Hinder- | -schaft |
| Finster- | -ine |
| Wild- | |

**9** Welche beiden Wörter haben nicht die Endung -heit? Schreibe sie auf. ___ / 2

Schönheit / Klugheit / Weisheit / Blindheit / Gesundheit / Reisezeit / Dummheit / Sommerkleid / Dunkelheit

**Meine Punkte:** ___ / 33

# Test 6: Zusammengesetzte Namenwörter

**1** **Aus je zwei Namenwörtern sind hier zusammengesetzte Namenwörter entstanden. Setze die fehlenden Buchstaben ein. Überlege, ob es große oder kleine Buchstaben sein müssen.** ___ / 6

Haus___ür    Dach___enster    Keller___reppe

Wohn___immer    Küchen___isch    Spiel___iste

**2** **Bilde aus den folgenden Wörtern zusammengesetzte Namenwörter.** ___ / 6

Blumen + Strauß    Geschenk + Papier    Brief + Freund
Fest + Tag    Kinder + Zimmer    Kaffee + Löffel

**3** **Bilde zusammengesetzte Namenwörter mit Spiel-.** ___ / 6

Figur / Plan / Steine / Platz / Regel / Gruppe

**4** **Unterstreiche die beiden Wörter, die man nicht mit dem Wort Schnee zusammensetzen kann.** ___ / 2

Mann / Schuhe / Flocken / Hitze / Fall / Ball /

Hase / Gestöber / Juni / Sturm / Brille / Schaufel

**5** **Bilde zusammengesetzte Namenwörter: Verbinde immer ein Wiewort mit einem Namenwort. Schreibe die zusammengesetzten Namenwörter mit bestimmtem Begleiter auf.** ☐ / 4

groß   hoch   bunt   neu

der Vater   das Haus   der Stift   der Bau

______________________________________________

______________________________________________

**6** **Hier fehlen in jedem Wort die Buchstaben rr. Nur in einem Wort fehlen zwei andere gleiche Buchstaben. Setze sie ein und unterstreiche das Wort.** ☐ / 1

das Fah____ad   die Ritte____üstung   die Somme____eise

das Meise____est   der Finge____ing   der Kinde____eim

**7** **Diese Wörter sind falsch zusammengesetzt. Füge sie zu sinnvollen Wörtern zusammen.** ☐ / 4

Faschingsblatt / Kalenderlimonade / Wettkostüm / Zitronenrennen

______________________________________________

______________________________________________

**8** **Welche Buchstaben sind zu viel? Streiche sie durch.** ☐ / 4

Schulskind / Bücherntasche / Leserbuch / Schreibeblock

**Meine Punkte:** ☐ / 33

# Test 7: Wörter mit Pf/pf

**1** **Fehlt bei diesen Wörtern ein großes Pf oder ein kleines pf am Wortanfang? Setze die fehlenden Buchstaben ein.** ☐ / 6

____erd ____iffig ____au ____legen ____lücken ____effer

**2** **Fehlt in diesen Wörtern pf oder ff? Setze die fehlenden Buchstaben ein.** ☐ / 8

Zi____elmütze A____elsine Tre____punkt Fressna____

Ko____er Scha____ner Ta____erkeit Kochto____

**3** **Hier findest du sechs Wörter. Immer zwei reimen sich. Schreibe die Reimwörter in Groß- und Kleinschreibung nebeneinander.** ☐ / 3

LAMMKOPFSUMPFZOPFDAMMSTRUMPF

**4** **Geheimschrift! Hier musst du rückwärts lesen. Schreibe die beiden Wörter auf, in denen du ein großes Pf oder ein kleines pf findest.** ☐ / 2

.muaB mov nemualfP nefier eid tkcülfp reteP

**5** **Beginnen diese Wörter mit P oder mit Pf? Setze die fehlenden Buchstaben ein.** ☐ / 12

____ifferling ____inguin ____alme ____eil ____irat ____erd

____icknick ____ilot ____lanze ____ark ____ilz ____latz

## 6 Setze die Wörter aus dem Kasten an den passenden Stellen im Text ein.

☐ / 5

| Pfannkuchen | Pferd | Pfirsich | Pfosten | pflückt |
|---|---|---|---|---|

Kati bindet ihr ____________ an den ____________ vor der Haustür.

Sie ____________ sich einen ____________ vom Baum

und geht ins Haus, wo Mutter gerade ____________ macht.

## 7 Beginnen die folgenden Namenwörter mit F oder mit Pf? Setze die fehlenden Buchstaben ein.

☐ / 12

____amilie ____alter ____effer ____anne ____ahne ____aust

____ahrrad ____ad ____eife ____laume ____arbe ____lanze

## 8 Hier fehlt in jedem Satz das letzte Wort. Welche der Wörter aus der Wörtersammlung passen? Trage sie ein.

☐ / 3

Pfanne / Pfau / Pfötchen / Pfütze / Pfarrhaus / Pflaster

Der kleine Pudel gibt brav ____________.

Tim springt mit seinen neuen Stiefeln in die ____________.

Die Krankenschwester klebt auf die Wunde ein neues ____________.

## 9 Schreibe immer das passende Tunwort neben die Wörter.

☐ / 4

der Pfiff – pfiffig – die Pfeife – ____________

pflanzlich – die Grünpflanze – ____________

der Pfeffer – der Pfefferminztee – ____________

der Pfleger – pflegeleicht – ____________

**Meine Punkte:** ☐ / 55

# Test 8: Wörter mit doppeltem Mitlaut

**1** **Zähle die Selbstlaute in diesen Wörtern:**
**Wie oft findest du ein A/a, wie oft ein E/e, wie oft ein I/i, O/o und U/u?** ☐ / 5

Knall / Schild / Ast / Ball / Busch / Bild / Zahn / Koch / Reh / Not / Farm

A/a: _____ E/e: _____ I/i: _____ O/o: _____ U/u: _____

**2** **In vier von diesen Wörtern wird der betonte Selbstlaut kurz gesprochen. Schreibe sie auf.** ☐ / 4

Los / Wetter / Lasso / Hof / Kette / Mühle / Himmel

______________________________________________

**3** **Bei diesen Wörtern fehlen immer die beiden letzten Buchstaben. Setze sie ein.** ☐ / 6

| ll mm mm nn ss tt |
|---|

der Flu_____ der Kna_____ das Bla_____ der Da_____ der Gewi_____ der Ka_____

**4** **In den folgenden Tunwörtern fehlen fast immer die Buchstaben mm.**
**Aber nur fast: Bei zwei Wörtern fehlt ein anderer doppelter Mitlaut.**
**Setze die fehlenden Buchstaben ein.** ☐ / 6

ko_____en sti_____en verge_____en kä_____en tro_____eln auslö_____eln

**5** **Schreibe auf, welche sinnvollen Reimwörter du mit den Anfangsbuchstaben bilden kannst. Streiche die Buchstaben durch, mit denen du keine sinnvollen Reimwörter bilden kannst.** ☐ / 8

| Pass | Rüssel | Tanne | Hammer |
|---|---|---|---|
| F / U | Schl / Sch | L / Pf | K / J |
| ______ | ______ | ______ | ______ |
| ______ | ______ | ______ | ______ |

**6** **Setze bei diesen Tunwörtern die doppelten Mitlaute pp, tt oder ll ein.** ___ / 10

kna____en  fa____en  beste____en  schnu____ern  wo____en

kla____ern  bi____en  kle____ern  wi____en  schli____ern

**7** **In vier von diesen Wörtern findest du eine zweifache Verdoppelung von Mitlauten. Schreibe diese Wörter auf.** ___ / 4

Wellensittich / Reitsattel / Wasserkanne / Wasserfall / Schattenspiel / Imbissbude / Mülltonne

______________________________

______________________________

**8** **Setze ff oder f ein: nach kurzem Selbstlaut die Verdoppelung, nach gedehnt gesprochenem Selbstlaut den Einzelbuchstaben.** ___ / 6

am königlichen Ho____e  die Scha____e auf der Wiese  ein Lö____el Suppe

ich ho____e  das scha____e ich bestimmt  am U____er des Sees

**9** **Vervollständige die Sätze mit dem passenden zusammengesetzten Namenwort.** ___ / 6

Das frische Wasser aus einer Quelle nennt man ______________.

Die Nuss am Haselstrauch ist eine ______________.

Die Zeit nach dem Mittag ist der ______________.

Eine Kette mit vielen kleinen Lichtern ist eine ______________.

Eine Halle mit einem Schwimmbecken ist eine ______________.

Eine Brille, die man bei Sonnenschein trägt, ist eine ______________.

**Meine Punkte:** ___ / 55

# Test 9: Wörter mit ck und tz

## 1 Suche die Reimwörter aus dem Wörterkasten und schreibe sie auf. ___ / 9

| Mücken | Hecke | Glück | Lücke | blicken | Dackel | Locke | ducken | Rock |
|---|---|---|---|---|---|---|---|---|

Schnecke ______ Brücke ______ Stück ______

Socke ______ Rücken ______ Fackel ______

Stock ______ picken ______ jucken ______

## 2 Ergänze in allen Wörtern das ck. Streiche die Wörter durch, die dann keinen Sinn ergeben. ___ / 15

Sta____er   Tre____er   De____el   Ja____e   Inhu____o

wa____eln   wo____ern   nu____eren   me____ern   entde____en

lo____er   di____   nor____as   erschro____en   glü____lich

## 3 Bilde aus den Wortstücken Namenwörter mit dem Baustein -cker. ___ / 5

Bä-   Zu-   Ho-   Nusskna-   We-   -cker

______

______

## 4 Setze die fehlenden Buchstaben ein: ck oder k. Schau genau hin, ob der Laut „k“ auf einen Selbstlaut oder auf einen Mitlaut folgt. ___ / 10

pa____en   win____en   schlu____en   drü____en   schen____en

Ban____   Za____en   An____er   Schran____   Glo____e

## 5 Im Wörterkasten kannst du zu jedem Wort zwei oder sogar drei passende Reimwörter finden. Schreibe die Reimwörter nebeneinander.

[ ] / 10

| | | | | |
|---|---|---|---|---|
| der Witz | der Trotz | der Satz | die Mützen | der Kraftprotz |
| der Spatz | der Schlitz | nützen | der Sitz | der Platz |

der Blitz ____________________

der Schatz ____________________

schützen ____________________

der Klotz ____________________

## 6 Setze bei allen Wörtern ein tz in die Leerstelle. Streiche die Wörter durch, die keinen Sinn ergeben.

[ ] / 12

verschmi____t schmu____ig brau____kel wi____ig blu____ter

geschwä____ig tro____ig gela____misch gehe____t beni____ke

verle____t gli____ernd

## 7 Füge die Bausteine zu sinnvollen Wörtern zusammen. Schreibe die Wörter in Groß- und Kleinbuchstaben auf.

[ ] / 4

| | | | |
|---|---|---|---|
| KREU- | WEI- | -ZENMEHL | -ZUNG |
| HER- | HEI- | -ZOG | -ZUNG |

____________________

____________________

## 8 Einfaches z oder tz? Setze die fehlenden Buchstaben ein.

[ ] / 12

Glan____ Sprungschan____e Gla____e Hi____e

Hol____brett Scha____truhe Pil____ Ka____e

Gewür____ Umweltschu____ Ar____t Her____

**Meine Punkte:** [ ] / 77

# Test 10: Wörter mit e oder ä, eu oder äu

**1** **Schreibe die Namenwörter in der Mehrzahl auf.** ___ / 4

Schrank ______ Hand ______

Bank ______ Wand ______

**2** **Bei den folgenden Tunwörtern fehlt immer ein e. Nur bei einem Wort fehlt ein ä. Setze das ä ein und unterstreiche das Wort.** ___ / 1

l___sen r___den h___lfen g___hen w___rmen schw___ben

**3** **Setze die fehlenden Buchstaben ein. Suche immer zuerst das Stammwort im Wörterkasten. Dann weißt du, ob ein e oder ein ä fehlt.** ___ / 8

| | | | | | | | |
|---|---|---|---|---|---|---|---|
| der Hammer | schlafen | bellen | die Zahl | die Naht | lachen | graben | festhalten |

Das Baby schl___ft. Vater gr___bt. Mutter z___hlt. Opa h___mmert.

Willi h___lt den Hund fest. Der Hund b___llt. Lisa l___chelt. Oma n___ht.

**4** **Bilde aus den Silben sinnvolle Wörter. Schreibe die Wörter auf.** ___ / 8

Rät- Hel- Gärt- Zel- Wär- Trä- Ker- Bä-

-sel -fer -ze -ner -ter -nen -te -ren

______

______

**5** **Setze bei allen Wörtern ein eu in die Lücke. Streiche die Wörter durch, die keinen Sinn ergeben.** ☐ / 10

Sch____ne L____te Schm____che h____te gr____ß

B____ter Spielz____g Tarn____g n____ t____er

**6** **Eu, eu oder äu? Trage die fehlenden Buchstaben ein.** ☐ / 4

Der R____ber entführte die Prinzessin. Das F____er loderte hell auf.

Der Raum wurde aufger____mt. Der Ruf einer ____le klang schaurig durch die Nacht.

**7** **In diesem Buchstabenrätsel sind von links nach rechts 16 Wörter mit Eu oder eu versteckt. Schreibe sie auf. Du darfst Buchstaben auch mehrfach verwenden.** ☐ / 16

| | | | | | | | | | | | | | | | |
|---|---|---|---|---|---|---|---|---|---|---|---|---|---|---|---|
| S | B | E | U | L | E | W | N | E | U | Z | M | L | E | U | T | E |
| R | Ä | U | B | E | R | S | C | H | E | U | M | E | U | T | E | L |
| S | T | E | U | E | R | R | A | D | C | I | F | R | E | U | N | D |
| B | E | R | E | U | E | N | M | E | Z | E | U | G | N | I | S | T |

**8** **Geheimschrift! Entschlüssle die Wörter und setze sie passend im Text ein. Schreibe in Groß- und Kleinbuchstaben.** ☐ / 4

UEH / NIDNUERF / RHEWREUEF / ENUEHCS

In der Nacht hat eine ____________ gebrannt.

Sie war voller ____________ und Stroh.

Die ____________ ist gekommen und hat den Brand gelöscht.

Meine ____________ hat alles gesehen.

**Meine Punkte:** ☐ / 55

# Test 11: V/v oder F/f? V/v oder W/w?

**1** **Auf dieser Tastatur gibt es nicht alle Buchstaben. Daher kannst du nur vier der vorgeschlagenen Wörter damit schreiben. Schreibe diese Wörter in Groß- und Kleinbuchstaben auf.** ☐ / 4

V A O L M E
U I P S T N

VIEL / VOLK / VOLL / VATER / VEILCHEN / VASE / VENTIL

**2** **Beginnen diese Wörter mit F oder mit V? Setze die passenden Buchstaben ein.** ☐ / 7

___eder ___erein ___isch ___ogel ___erkehr ___asan ___erwandtschaft

**3** **Bilde immer aus drei Silben ein sinnvolles Wort und schreibe diese Wörter auf.** ☐ / 3

| | | |
|---|---|---|
| vor- | -gel- | -sen |
| ver- | -sich- | -haus |
| Vo- | -ges- | -tig |

**4** **Hier hörst du immer den Laut „w" am Wortanfang. Aber manchmal wird kein W geschrieben, sondern ein V. Setze die fehlenden Anfangsbuchstaben W oder V ein.** ☐ / 12

___olken ___ald ___eranda ___itamine ___inter ___unsch

___ioline ___illa ___ulkan ___ampir ___ase ___itz

**5** **Setze die fehlenden Buchstaben ein: v, f oder w.** ☐ / 5

Blumen___ase Alpen___eilchen Sommer___etter

Wund___erband Möwen___eder

## 6 Die Wörter sind falsch zusammengesetzt. Schreibe sie richtig auf.

/ 8

Vogelfest / Volkskäfig / Vollstoff / Vorhangeck /
Viersaft / Videomond / Villengerät / Vitaminviertel

## 7 Fünf der folgenden Wörter ergeben keinen Sinn, wenn man sie mit der Vorsilbe Vor- zusammensetzt. Streiche diese Wörter durch.

/ 5

-FAHRT / -NAME / -RAT / -SAUNA / -BILD

VOR- -MITTAG / -LACHT / -SICHT / -SCHRIFT / -TARNT / -LEISE

-WORT / -ORT / -WUND / -SPRUNG / -SCHLAG

## 8 Setze die fehlenden Buchstaben ein: v oder f.

/ 11

Mit ___ier Karten ist mein Quartett komplett.

Dem kleinen Tim tut der Hals ___urchtbar weh.

Seid nicht so ___orwitzig!

Der Wassereimer ist ___oll.

Susanne hat ihren Schlüssel ___erloren.

Einer von den Äpfeln war ___aul.

In dieser Nacht war es besonders ___inster.

In dem neuen Haus fühle ich mich ganz ___remd.

Sei doch endlich ___ernünftig!

Die Kinder sind heute sehr ___leißig.

Rico war ___roh, als die Prüfung vorbei war.

**Meine Punkte:** / 55

# Test 12: Worttrennung

**1** **Verbinde die Trennungssilben zu Wörtern und schreibe diese in Groß- und Kleinbuchstaben auf.** / 6

ÄS TE ZWEI GE BÜ SCHE BÄU ME WUR ZELN BLÄT TER

**2** **Suche aus dem folgenden Satz die fünf Wörter heraus, die man trennen kann, und schreibe sie mit einem Trennstrich auf.** / 5

Im Winter haben die Bäume im Wald keine Blätter.

**3** **Die folgenden Wörter haben doppelte Selbstlaute. Schreibe die Wörter mit einem Trennstrich auf.** / 5

Beeren / Meere / Boote / Staaten / Kleeblatt

**4** **Bei den folgenden Wörtern findest du immer eine Mitlautverdopplung. Schreibe die Wörter mit einem Trennstrich auf.** / 5

Latten / Bretter / Hammer / Hütte / Teppich

**5** **Verbinde die Trennungssilben zu sinnvollen Tunwörtern und schreibe die Wörter auf. Vorsicht, eine Silbe bleibt übrig!**

☐ /8

| | | | | | |
|---|---|---|---|---|---|
| win- | | len- | | sin- | |
| sin- | -ken | den- | -ken | faun- | -gen |
| trin- | | schen- | | brin- | |

**6** **Ziehe bei den folgenden Wörtern überall dort einen Trennstrich, wo man das Wort trennen kann.**

☐ /6

L O K O M O T I V E    M Ä R C H E N V O R S T E L L U N G

G E W I T T E R W O L K E N    F A M I L I E N T R E F F E N

A B E N T E U E R B U C H    G E B U R T S T A G S G E S C H E N K

**7** **Diese Wörter werden alle mit ck geschrieben. Schreibe die Wörter mit Trennstrichen auf.**

☐ /5

Stückchen / entdecken / flackern / Rucksack / Zucker

**8** **Streiche die Silben durch, mit denen du keine sinnvollen Wörter bilden kannst.**

☐ /15

| | | | | |
|---|---|---|---|---|
| An- | Or- | El- | Ur- | In- |
| -ten -ne | -kan | -sel | -laub | -sel |
| -ker -ket -te | -ches -ter | -fen -bein | -tisch | -deck |
| -zug | -ze -an | -tern | -wald | -te -res -se |

**Meine Punkte:** ☐ /55

# Test 13: Wörter mit gedehnten Selbstlauten

**1** **Setze die fehlenden Buchstaben ein: oo, ee oder aa.** ☐ / 9

| | | |
|---|---|---|
| eine gute Id____ | der erste Schn____ | die freundliche F____ |
| weiches M____s | ein schnelles B____t | der Löwe im Z____ |
| der große S____l | lockiges H____r | das Gewicht auf der W____ge |

**2** **Welche Wörter reimen sich, werden aber unterschiedlich geschrieben? Schreibe die Reimwörter nebeneinander.** ☐ / 6

Stahl   Ware   Tor   Not   Reh   schwer

| | | |
|---|---|---|
| Meer ______ | Boot ______ | Haare ______ |
| Saal ______ | Moor ______ | See ______ |

**3** **Setze die fehlenden Buchstaben ein. Höre genau hin, ob du ein einfaches i oder ein gedehntes ie einsetzen musst.** ☐ / 12

| | | | |
|---|---|---|---|
| die St____lle | der Schw____mmer | die B____ne | das T____r |
| der St____r | die Zahl S____ben | der T____sch | die Br____lle |
| das L____cht | der D____ner | das F____ber | das K____nd |

**4** **Hier fehlt manchmal ein i, manchmal ein ie und manchmal ein ieh. Setze die fehlenden Buchstaben ein.** ☐ / 15

Auf der W______se s______nd v______le K______nder.

S______ haben ______hr Sp______lzeug m______tgebracht.

Nana z______t ein Stofft______r h______nter s______ch her.

D______ anderen sp______len m______t dem Ball.

**5** **Hier findest du Wörter mit einem Dehnungs-h. Vier davon sind Tunwörter. Schreibe sie in Kleinbuchstaben auf.** ☐ / 4

FEHLEN / AHNEN / FAHNE / BÜHNE / BEZAHLEN / EHRLICH / GÄHNEN

______________________________

**6** **Hier findest du Wörter mit einem Dehnungs-h. Fünf davon sind Namenwörter. Schreibe sie in Groß- und Kleinbuchstaben auf.** ☐ / 5

HUHN / HÖHLE / JAHR / BELOHNEN / SAHNE / OHR / WOHNEN

______________________________

**7** **Setze die fehlenden Buchstaben ein: entweder ein Dehnungs-h oder nach einem i ein Dehnungs-e.** ☐ / 21

| | | | | | |
|---|---|---|---|---|---|
| Za___l | Zi___ge | Wo___nung | Stro___ | Sti___fel | Za___n |
| Di___b | U___r | Wi___ge | Wa___ltag | Me___l | Wa___rheit |
| Li___d | Mü___le | Zi___l | Stu___l | Ja___reszeit | Ko___le |
| Gefü___l | Fri___den | Ki___selstein | | | |

**8** **Setze die fehlenden Wörter ein.** ☐ / 4

| | | | |
|---|---|---|---|
| flieht | sieht | zieht | geschieht |

Der Detektiv ________ eine Spur am Boden. Er ________ seine Lupe aus der Tasche. Der Dieb ________. Alles ________ ganz schnell.

**9** **Immer drei Wörter reimen sich. Nur zu einem Wort gibt es kein Reimwort. Schreibe es auf.** ☐ / 1

Brief / vier / spielen / kriechen / Kiel / rief / hier / zielen / viel / tief / Ziel / schielen / Tier

______________________________

**Meine Punkte:** ☐ / 77

# Test 14: Wörter mit Zischlauten: z, tz, s, ss oder ß

**1** **Wie beginnen die Wörter: mit S oder mit Z?**
**Setze die fehlenden Buchstaben ein.** / 10

___oo ___werge ___egelschiff ___ahnarzt ___ahnetorte

___ug ___irkus ___onnenschein ___auberer ___uppenteller

**2** **Enden diese Wörter mit ss oder tz?**
**Setze die fehlenden Buchstaben ein.** / 8

Bi___ / Wi___ / Flu___ / Scha___ / Rehki___ / Fa___ / Pu___ / Bo___

**3** **Setze auch hier die fehlenden Buchstaben ein: z oder s.** / 15

ge___und Schulran___en ein___am gei___ig Be___en

Poli___ei Hundeschnau___e be___uchen Glan___ Grä___er

Hei___ung Straßenkreu___ung Urlaubsrei___e Oa___e Mei___e

**4** **Setze s oder ss ein. Denke daran, dass der Mitlaut nie nach einem lang gesprochenen Selbstlaut verdoppelt wird.** / 10

wi___en le___en aufpa___en die Ro___en anfa___en

mü___en die Va___e auspre___en verge___en der Kä___e

**5** **Schreibe die Namenwörter mit ihren Begleitern in der Mehrzahl auf.** / 6

der Fuß ______ der Gruß ______

der Spaß ______ das Maß ______

der Kloß ______ der Schoß ______

## 6 Immer zwei Wörter reimen sich. Schreibe die Reimwörter nebeneinander in eine Zeile.

/ 4

außen / bloß / weiß / dreißig / draußen / groß / heiß / fleißig

## 7 Ergänze die fehlenden Wörter.

/ 5

nicht innen, sondern

nicht schwarz, sondern

nicht klein, sondern

nicht sauer, sondern

nicht faul, sondern

## 8 Setze bei den Tunwörtern die fehlenden Buchstaben ein: ss oder ß.

/ 15

| | | | | |
|---|---|---|---|---|
| schlie___en | flie___en | wi___en | verbe___ern | sto___en |
| genie___en | grü___en | kü___en | gleichmä___ig | hei___en |
| ka___ieren | aufe___en | mü___en | zerrei___en | bei___en |

## 9 Bilde aus den Buchstaben sinnvolle Wörter.

/ 4

s c h e A u e r i ß r d i     o ß G r e l l e b a u s t

n e ß G i e k a n     e i ß D e w c k

Meine Punkte: / 77

# Test 15: Abschlusstest

**1** **Ordne die folgenden Wörter nach dem Alphabet.** / 6

Clown / Zirkusdirektor / Dompteur / Jongleur / Akrobat / Seiltänzer

**2** **Welche Buchstaben fehlen in diesen Wörtern:**
**d oder t, g oder k, b oder p? Setze sie ein.** / 10

Sprun___ Kunstwer___ Bil___erbuch wan___en Tra___

Gestal___ Un___erschrift Wandersta___ Urwal___ ka___utt

**3** **Werden diese Wörter groß- oder kleingeschrieben?**
**Schreibe sie richtig auf.** / 7

STIEFEL / LAUFEN / SCHNELL / PFÜTZE / TRETEN / NASS / WASSER

**4** **Setze die passenden Endungen ein.** / 8

-heit oder -keit:

Gesund_________ Heiser_________

Müdig_________ Krank_________

-lich oder -ig:

langweil_________ traur_________

abenteuer_________ fröh_________

**5** **Diese Wörter sind falsch zusammengesetzt. Schreibe sie richtig auf.** ☐ / 3

Pudelfinder Pfadkuchen Apfelmütze

________________

**6** **Einfaches s oder doppelter Mitlaut? Setze s oder ss ein.** ☐ / 12

Gewi___en Na___e be___er Wa___er pra___eln lei___e

Schlü___el La___o Ro___e Ta___en pa___iert Mau___efalle

**7** **Schreibe die folgenden Wörter in der Mehrzahl auf.** ☐ / 8

| | | | |
|---|---|---|---|
| Haus | | Baum | |
| Beule | | Freund | |
| Hand | | Acker | |
| Netz | | Strecke | |

**8** **V/v, F/f oder W/w? Setze die fehlenden Buchstaben ein.** ☐ / 14

___rau ___ater ___ogel ___rosch ___erboten ___erein ___ürchterlich

___ald ___ulkan ___ampir ___ichtig ___eranda ___ütend ___urzel

**9** **Zeichne überall dort, wo die Wörter getrennt werden können, Trennstriche ein.** ☐ / 9

O b s t E r d b e e r e n W e i n t r a u b e n

K i r s c h e n N ü s s e A p f e l s i n e n

P f l a u m e n B i r n e n K o r b

**Meine Punkte:** ☐ / 77

FIT FÜR DIE SCHULE

# TESTS

3. Klasse

mit Lernzielkontrolle

# Grammatik

von Marianne Bellenhaus

# Grammatik 3. Klasse

# Test 1: Laute und Buchstaben

**1** **Welche beiden Buchstaben des Alphabets sind im Text nicht zu finden?** ☐ / 2

| A B C D E F G H I J K L M N O P Q R S T U V W X Y Z |
|---|

NACH DEN FERIEN BERICHTEN ALLE KINDER VON IHREN ERLEBNISSEN. AXEL UND JENS HABEN EINE QUELLE ENTDECKT, IRINA WAR AUF EINEM ZELTLAGER AM MEER, ...

Es fehlen die Buchstaben: ☐

**2** **Setze die fehlenden Anfangsbuchstaben ein, sodass ein sinnvoller Text entsteht. Benutze die Großbuchstaben.** ☐ / 22

___RANK ___ND ___ARIE ___AREN ___N ___EN ___ERIEN ___UF ___INEM

___AUERNHOF. ___IE ___ABEN ___IEL ___RLEBT ___ND ___ÖNNEN ___HREN

___REUNDEN ___UN ___INE ___ENGE ___RZÄHLEN.

**3** **Unterstreiche die Selbstlaute in den Tiernamen.** ☐ / 6

Fisch / Frosch / Pferd / Kuh / Hahn / Hund

**4** **In diesem Text fehlen alle Selbstlaute. Setze sie ein.** ☐ / 10

D____ b____d___n K___nd___r d___rft___n j___d___n

T___g m___t _____fs F___ld f___hr___n.

**5** **Wie viele Buchstaben im Alphabet bezeichnen Mitlaute?** ☐ / 1

☐ Buchstaben bezeichnen Mitlaute.

**6** **Manchmal stehen zwei oder drei Buchstaben zusammen für einen einzigen Laut oder Doppellaut wie bei sch, ch, ck, ie, ei, au oder eu. Wie viele solcher Zweier oder Dreier findest du in den folgenden Wörtern?** ☐ / 1

Scheune / Milchwagen / Melkmaschine / Trecker / Tiere / Taubenschlag

☐ Zweier und Dreier sind zu finden.

**7** **Lies den Text genau. Setze die fehlenden Begriffe „Mitlaut" und „Selbstlaut" ein.** ☐ / 6

Bei fünf Buchstaben im Alphabet benutzt du deine Stimme laut und deutlich, wenn du sie aussprichst. Das sind die ______________.

Die anderen Buchstaben, die ______________, brauchen einen ______________, um laut und deutlich ausgesprochen werden zu können.

Trotzdem sind die ______________ besonders wichtig. Einen Text, in dem die ______________ fehlen, kann man nämlich mit etwas Geschick entziffern.

Aber einen Text, in dem alle ______________ fehlen, kann man auf keinen Fall verstehen.

**8** **Sieben Wörter im Text haben einen Umlaut (Ä/ä, Ö/ö, Ü/ü). Unterstreiche sie.** ☐ / 7

Abends, wenn alle Tiere in den Ställen versorgt waren, war es immer am schönsten auf dem Bauernhof. Dann durfte Frank vom höchsten Balken ins weiche Heu hüpfen und Marie spielte glücklich bis in den späten Abend mit den kleinen Kätzchen.

**Meine Punkte:** ☐ / 55

# Test 2: Namenwörter, Begleiter, Fürwörter

**1** **Du kannst aus den Silben vier Namenwörter bilden. Sie bezeichnen Sportgeräte aus der Turnhalle. Schreibe sie auf.** ☐ / 4

Fuß / Sei / ter / fen / ball / stan / Rei / le / Klet / ge

**2** **Im Text gibt es elf Namenwörter. Unterstreiche sie.** ☐ / 11

Sonja freut sich jede Woche auf die Sportstunde. Dann kann sie endlich nach Herzenslust durch die Halle rennen, an den Ringen schaukeln, die Leitern hinaufklettern, auf den weichen Matten Purzelbäume schlagen und mit den anderen Kindern Fußball spielen.

**3** **Der, die oder das? Setze den bestimmten Begleiter ein.** ☐ / 6

| | | |
|---|---|---|
| ☐ Fußballspiel | ☐ Sporttasche | ☐ Laufschuh |
| ☐ Sportplatz | ☐ Trainingsanzug | ☐ Stoppuhr |

**4** **In diesem Text sind 13 Begleiter versteckt. Unterstreiche sie. Sie können auch in anderen Formen erscheinen: den, des, dem, …** ☐ / 13

Die Kinder der Klasse 3a haben sich gut auf das Sportfest vorbereitet. Auf der Wiese haben sie mit den kleinen, harten Bällen das Werfen geübt, auf dem Platz hinter der Schule sind sie um die Wette gerannt und der Sandkasten auf dem Spielplatz war ihre Sprunggrube. Tina hat die Sprungweite immer mit dem Maßband abgemessen.

**5** **Verwandle die bestimmten Begleiter in unbestimmte Begleiter. Schreibe die Sätze auf.** ☐ / 3

Der Ball wird geholt.

Finn entknotet das Seil.

Jana räumt die Matte weg.

**6** **In diesem Text werden Namenwörter zu oft wiederholt. Streiche sie dort, wo es sinnvoll ist, durch und schreibe das passende Fürwort darüber (ich, du, er, sie, es, wir, ihr, sie).** ☐ / 5

Der Schiedsrichter kommt. Der Schiedsrichter pfeift das Spiel an. Kati hat den Ball. Kati schießt

weit. Jetzt hat Petra den Ball. Petra zielt. Die Fans der 3a halten den Atem an. Die Fans der 3a

hoffen, dass Petra trifft. Aber Fiona hält den Ball. Fiona ist eine tolle Torhüterin.

**7** **Schreibe die passenden Fürwörter auf (ich, du, er, sie, es, wir, ihr, sie).** ☐ / 6

der Sportlehrer: ☐ du und dein Bruder: ☐ die Kinder: ☐

meine Freunde und ich: ☐ die Startlinie: ☐ das Ziel: ☐

**8** **Damit man den Text verstehen kann, musst du die Fürwörter durch die passenden Namenwörter ersetzen. Setze die richtigen Zahlen ein.** ☐ / 7

Endlich wird sie (☐) frei. Sie (☐) stellen sich auf. Er (☐) wird geglättet und es (☐) wird abgefegt. Dann rennt er (☐) los, fliegt durch sie (☐) und landet auf ihm (☐).

**1** die Kinder **2** die Sprunggrube **3** das Brett **4** dem Hosenboden

**5** Jakob **6** die Luft **7** der Sand

**Meine Punkte:** ☐ / 55

# Test 3: Namenwörter in Ein- und Mehrzahl, Oberbegriffe

**1** **Schreibe die Namenwörter in der Einzahl mit ihrem Begleiter auf.** ☐ / 7

die Kostüme ______

die Luftballons ______

die Luftschlangen ______

die Masken ______

die Hüte ______

die Pappnasen ______

die Girlanden ______

**2** **Schreibe die Namenwörter in der Mehrzahl mit Begleiter auf.** ☐ / 7

der Pirat ______

das Indianerkind ______

der König ______

die Prinzessin ______

das Monster ______

die Hexe ______

der Ritter ______

**3** **Zwölf Namenwörter im Text stehen in der Mehrzahl. Unterstreiche sie.** ☐ / 12

Anna hat ihre Freunde und Freundinnen zu einer Faschingsparty eingeladen. Dafür hat sie zusammen mit ihrem Vater die Garage mit Luftschlangen, bunten Luftballons, Lampions und witzigen Bildern geschmückt. Sie hat Bonbons gekauft, Plätzchen mit bunten Streuseln gebacken, lustige Lieder ausgesucht und für Getränke gesorgt. Dann hat sie sich noch viele Witze ausgedacht, die sie später erzählen will.

## 4 Drei von diesen Namenwörtern verändern sich in der Mehrzahl nicht. Schreibe sie auf.

/ 3

Bart / Ballon / Besen / Mütze / Perücke / Clown / Zauberstab / Mantel / Krone / Stiefel / Augenklappe / Umhang / Trompete / Ohrring / Gürtel

## 5 Schreibe auf, welche Namenwörter zum Oberbegriff „Kostüme“ passen und welche unter „Essbares“ gehören.

/ 12

Räuberhut / Apfelringe / Kartoffelchips / Ritterrüstung / Erdnüsse / Federschmuck / Piratenhemd / Kekse / Gummibärchen / Clownsnase / Cowboyhut / Salzstangen

**Kostüme:**

**Essbares:**

## 6 Schreibe einen Oberbegriff für die folgenden Namenwörter auf.

/ 1

Banane / Pfirsich / Kiwi / Apfel / Melone

Oberbegriff:

## 7 Ein Wort in jeder Reihe passt nicht zum Oberbegriff. Streiche es durch.

/ 2

**Süßigkeiten:** Plätzchen, Schokolade, Gurken, Bonbons, Zuckerstangen

**Instrumente:** Gitarre, Flöte, Trommel, Klavier, Spielplatz, Trompete

**Meine Punkte:** / 44

# Test 4: Zusammengesetzte Namenwörter

**1** **Bilde zusammengesetzte Namenwörter mit dem Baustein „Kinder“. Bei drei Wörtern muss der Baustein „Kinder“ am Ende stehen. Unterstreiche sie.** ☐ / 3

Sitz / Garten / Stadt / Wunder / Sendung / Tier / Kleidung / Buch

**2** **Diese Namenwörter sind falsch zusammengesetzt. Füge sie zu sinnvollen Wörtern zusammen.** ☐ / 6

Zebrastraße / Autowagen / Lastbahn / Fußschild / Schnellstreifen / Verkehrsgänger

**3** **Im Text gibt es sechs zusammengesetzte Namenwörter. Unterstreiche sie.** ☐ / 6

Sofia stand an der Straßenkreuzung, als plötzlich ein Polizeiwagen mit eingeschaltetem Blaulicht und lautem Martinshorn vorbeiraste. Ob die Polizisten einen Straßenräuber verfolgten oder zu einem Verkehrsunfall fuhren, hat Sofia nicht erfahren.

**4** **Welche Erklärungen sind falsch? Streiche sie durch. Mache einen Haken hinter die Erklärungen, die richtig sind.** ☐ / 7

1. Ein Straßenräuber ist ein Räuber, der eine Straße rauben will. ☐
2. Ein Zebrastreifen ist ein Fahrbahnstreifen nur für Zebras. ☐
3. Ein Möbelwagen ist ein Wagen, mit dem man Möbel transportiert. ☐
4. Eine Bahnschranke ist eine Schranke, an der die Bahn halten muss. ☐
5. Ein Autobus ist ein Bus, der Autos geladen hat. ☐
6. Eine Straßenlaterne ist eine Laterne, die nachts die Straßen beleuchtet. ☐
7. Eine Autoschlange ist eine Schlange, die wie ein Auto aussieht. ☐

**5** **Zusammengesetzte Namenwörter haben immer ein Grundwort und ein Bestimmungswort. Unterstreiche bei den folgenden Wörtern das Grundwort.** ☐ / 6

Hutablage / Fahrersitz / Ersatzreifen / Wagenheber / Autotür / Lenkrad

**6** **Unterstreiche bei diesen zusammengesetzten Namenwörtern das Bestimmungswort.** ☐ / 6

Stadtbus / Fußweg / Ampelanlage / Radweg / Eisverkäufer / Parkplatz

**7** **Können zusammengesetzte Namenwörter auch aus mehr als zwei Wörtern bestehen? Kreuze an.** ☐ / 1

☐ Ja ☐ Nein

**8** **Bei diesen zusammengesetzten Namenwörtern ist das Bestimmungswort ein Wiewort. Unterstreiche es.** ☐ / 7

Altstadt / Neubau / Großbaustelle / Kleinwagen /

Engstelle / Grünanlage / Schwertransport

**9** **Bilde aus den angegebenen Wörtern zwei lange zusammengesetzte Namenwörter.** ☐ / 2

groß / der Raum / der Wagen / sitzen / der Platz / die Nummer
das Auto / die Bahn / tanken / die Stelle / der Hinweis / das Schild

________________________________________

________________________________________

**Meine Punkte:** ☐ / 44

# Test 5: Namenwörter mit Vor- und Nachsilben

**1** **Be- oder An-: Mit welcher Vorsilbe bekommt das Wort „Ruf“ die richtige Bedeutung im Satz? Setze die Vorsilben richtig ein.** ☐ / 2

Julius will Tierpfleger werden. Er findet, dass das ein toller ____ruf ist. Gestern Nacht hat er geträumt, er hätte einen ____ruf vom Zoo bekommen, weil der kleine Elefant krank wäre und sie Julius dringend zur Pflege brauchten.

**2** **Ab- oder An-: Mit welcher Vorsilbe entstehen sinnvolle Namenwörter? Setze die Vorsilben richtig ein. Bei drei Wortstücken passen beide Vorsilben. Unterstreiche sie.** ☐ / 12

____zeichen ____denken ____schied ____fall ____grund ____teilung

____schluss ____hänger ____sender ____fang ____zahl ____führer

**3** **Kreuze an, welche Wortstücke du mit den Vorsilben zu sinnvollen Wörtern verbinden kannst.** ☐ / 13

| | -sicht | -bild | -lage | -mittag |
|---|---|---|---|---|
| An- | X | | X | |
| Ab- | | | | |
| Vor- | | | | |
| Auf- | | | | |
| Ein- | | | | |
| Nach- | | | | |

**4** **Fünf Namenwörter im Text haben eine Vorsilbe. Unterstreiche diese Wörter.** ☐ / 5

Heute ist Annika wieder mal im Zoo. Gleich am Eingang sitzen die Papageien. Sie empfangen die Besucher mit witzigen Sprüchen: „Vorsicht an der Bahnsteigkante! Tür zu!“ Bei den Robben haben sich schon viele Zuschauer eingefunden, die die Vorführungen bei der Fütterung sehen wollen. Auch Annika schaut eine Weile zu.

## 5 Ergänze die Nachsilbe -schaft, wenn dadurch ein sinnvolles Wort entsteht. Streiche die übrigen Wortstücke durch.

☐ / 9

Mann ______ Freund ______ Trenn ______

Land ______ Wirt ______ Verwandt ______

Käfig ______ Gemein ______ Nachbar ______

## 6 Setze die Nachsilbe -keit ein, wenn dadurch ein sinnvolles Wort entsteht. Streiche die übrigen Wortstücke durch.

☐ / 8

Tapfer ______ Freundlich ______ Schön ______ Traurig ______

Gültig ______ Gerechtig ______ Kraft ______ Wirklich ______

## 7 Vervollständige die vier Wortstücke mit den Nachsilben -heit, -keit, -ung und -nis. Setze die entstandenen Wörter an den passenden Stellen im Text ein.

☐ / 8

Entdeck ______ Frei ______ Tapfer ______ Wild ______

Der kleine Tiger genießt seine ______.

Er streift gerne durch die ______.

Jeden Tag macht er eine neue ______

und beweist seine ______.

## 8 Neun Wörter in der Wörtersammlung haben eine Nachsilbe. Unterstreiche sie.

☐ / 9

Umzäunung / Gefangenschaft / Gefahren / Tiergehege / Bereitschaft / Elefantenhaus / Heizung / Heuballen / Kunststücke / Hindernis / Vorführung / Freundlichkeit / Geduld / Schönheit / Einsamkeit

**Meine Punkte:** ☐ / 66

# Test 6: Tunwörter und ihre Personalformen

**1** **Schreibe hinter jede Jahreszeit die zwei passenden Tunwörter.** ___ / 8

planschen / regnen / schneien / brüten / schwitzen / stürmen / frieren / blühen

**Frühling:** ______________________

**Sommer:** ______________________

**Herbst:** ______________________

**Winter:** ______________________

**2** **Im Text gibt es vier Tunwörter. Unterstreiche sie.** ___ / 4

Frühling! Die Sonne scheint und Emma fährt jetzt wieder jeden Tag mit dem Rad zur Schule. Sie trägt nur noch den dünnen Anorak und am Nachmittag trifft sie sich draußen mit ihren Freunden zum Spielen.

**3** **Hier stehen die Tunwörter in der Ich-Form. Setze sie in die Du-Form.**
**Ergänze die angefangenen Sätze.** ___ / 4

Ich gehe ins Schwimmbad. Du ______________________.

Ich springe ins Wasser. Du ______________________.

Ich tauche lange. Du ______________________.

Ich spritze dich nass. Du __________ mich __________.

Du und ich, wir sind Freunde, wir machen alles zusammen.

**4** **Schreibe die Tunwörter in der Ich-Form auf.** ___ / 6

zeichnen: ich __________ radieren: ich __________

malen: ich __________ schneiden: ich __________

schreiben: ich __________ falten: ich __________

**5** **Im Text gibt es sechs Tunwörter. Unterstreiche sie und schreibe sie in der Grundform auf.** ☐ / 6

Simone sagt zu ihrer Freundin: „In den Ferien darf ich ins Zeltlager. Du kommst doch auch? Eva fährt auf jeden Fall. Sie freut sich schon riesig. Wir schlafen dann alle drei zusammen in einem Zelt."

________________________________________

________________________________________

**6** **Schreibe die verschiedenen Personalformen des Tunworts „lachen" auf.** ☐ / 6

ich ________ du ________ er / sie / es ________

wir ________ ihr ________ sie ________

**7** **In der Wörtersammlung gibt es acht Tunwörter. Unterstreiche sie.** ☐ / 8

LENKDRACHEN / FLIEGEN / STEIGEN / LAUFEN / STOPPELFELD / RUFEN / HALTEN / SCHNUR / WICKELN / STOLPERN / LOSLASSEN / WIND

**8** **In diesem Text hängen alle Wörter aneinander. Finde zehn Tunwörter und kreise sie ein.** ☐ / 10

ESSCHNEITUNDSCHNEITAUFDEMBODENLIEGTEINEDICKESCHNEEDECKE

DANNVERSCHWINDENDIEWOLKENUNDDIESONNESCHEINTENDLICH

KÖNNENDIEKINDERDENSCHLITTENHOLENUNDRODELNSIEMACHENEINE

SCHNEEBALLSCHLACHTUNDBAUENEINSCHNEEHAUS

**9** **Finde im Text drei verschiedene Formen des Tunworts „sein" und unterstreiche sie.** ☐ / 3

Ich bin froh, wenn es schneit. Wir Kinder sind dann mit dem Schlitten unterwegs. Aber für die Wildtiere ist der Winter mit Schnee und Frost eine schwere Zeit.

**Meine Punkte:** ☐ / 55

# Test 7: Gegenwart und 1. Vergangenheit

## 1 Kreuze die Sätze an, die von der Jetzt-Zeit, der Gegenwart, sprechen.

☐ / 4

- ☐ Lena steigt auf den Turm.
- ☐ Die alte Holztreppe knarrt.
- ☐ Früher stiegen hier Tag für Tag wachsame Ritter hinauf.
- ☐ Heute kommen viele Touristen, um den Ausblick zu genießen.

## 2 Setze die Tunwörter in der Gegenwartsform in den Text ein.

☐ / 5

steigen / gehören / stehen / ankommen / staunen

Lena ☐ oft auf den Turm. Er ☐ zu der Ruine einer alten Burg und ☐ auf einem Hügel vor der Stadt. Wenn Lena oben ☐, ☐ sie jedes Mal wieder über die winzige Welt da unten.

## 3 Setze die Tunwörter in die Gegenwartsform.

☐ / 6

Eines Tages (stand) ☐ Lena wieder auf dem Turm. Da (sah) ☐ sie Rauch über dem Wald. Schnell (suchte) ☐ sie ihr Handy und (wählte) ☐ den Notruf der Polizei. Bald (kam) ☐ die Feuerwehr. So (konnte) ☐ ein Waldbrand verhindert werden.

## 4 Schreibe die Tunwörter in der Gegenwartsform und in der 1. Vergangenheit auf.

☐ / 6

| Grundform | Gegenwart | 1. Vergangenheit |
|---|---|---|
| rennen | ich renne | ich rannte |
| sagen | ich | ich |
| holen | ich | ich |
| schauen | ich | ich |

**5** **Lena schreibt einen Text über den Turm in das Klassenlexikon. Füge die Tunwörter in der 1. Vergangenheit ein.** ☐ / 4

bauen / gehören / verfallen / überstehen

Im 13. Jahrhundert ________ Ritter diesen Turm.

Er ________ zu einer Burg. Die Burg selbst ________.

Der Turm aber ________ alle Angriffe und Brände.

**6** **Setze die Tunwörter in der 1. Vergangenheit im Text ein. Beachte, dass sie geteilt werden müssen.** ☐ / 6

ankommen / hinaufschauen / herunterwinken / zurufen / herausfinden / mitbringen

Ich ________ gerade unten am Turm ________. Ich ________ wie immer zuerst einmal ________. Da ________ Leute von der Plattform ________. Sie ________ mir etwas ________. Schnell ________ ich ________, was sie wollten. Ich ________ ihnen den Rucksack ________ nach oben, den sie am Fuß des Turms vergessen hatten.

**7** **Zwölf von den Textstücken stehen in der 1. Vergangenheit. Finde und unterstreiche sie.** ☐ / 12

er wanderte / er freut sich / er staunte / er suchte / er erblickte / er sieht / er misst aus / er holte / er sammelte / er sagt / er erklärte / er fragte / er wollte wissen / er zeigt / er beginnt / er baut / er mischt / er stotterte / er stellte / er errichtet / er feiert / er jubelte

**8** **Schreibe auf, in welcher Zeitform dieser Text geschrieben ist.** ☐ / 1

Dieses Wochenende feiern wir ein Turmfest. Wir bauen auf dem Hügel viele Buden auf, ziehen uns wie Ritter und Burgfräulein an und musizieren und tanzen wie die Leute im Mittelalter. Wir backen auch Waffeln und schenken Punsch aus.

Zeitform: ________

**Meine Punkte:** ☐ / 44

# Test 8: 1. und 2. Vergangenheit

**1** **Setze die Tunwörter in der 1. Vergangenheit im Text ein.** ____ / 6

gehen / bellen / zerren / reden / rennen / folgen

Pia __________ mit ihrem kleinen Hund Muck durch den Park.

Er __________ ganz aufgeregt und __________ an der Leine.

Pia __________ beruhigend auf ihn ein. Plötzlich __________ er

auf einen Busch zu. Pia __________ ihm.

**2** **Pia erzählt von dem Spaziergang im Park. Sie benutzt dabei die 2. Vergangenheit. Unterstreiche jeweils die beiden Teile, die zur 2. Vergangenheit gehören.** ____ / 5

„Ich bin mit dem kleinen Muck durch den Park gegangen. Er hat ganz aufgeregt gebellt und er hat wie wild an der Leine gezerrt. Ich habe beruhigend auf ihn eingeredet. Plötzlich ist er auf einen Busch zugerannt. Ich bin ihm gefolgt."

**3** **Überlege, ob du die 2. Vergangenheit mit „ist" oder mit „hat" bilden musst, und setze ein.** ____ / 9

| | | |
|---|---|---|
| sie _____ ihn gerufen | sie _____ ihm gefolgt | sie _____ es gesehen |
| sie _____ gestolpert | sie _____ sich gekratzt | sie _____ es gefunden |
| sie _____ gestaunt | sie _____ es genommen | sie _____ gegangen |

**4** **Setze die Tunwörter an den passenden Stellen im Text ein.** ____ / 5

hat entdeckt / hat erzählt / ist gegangen / hat gelegen / gefunden haben

Pia _____ zum Fundbüro __________ und _____ __________,

wie sie und der kleine Muck die Sachen __________ __________.

„Die Jacke _____ ganz versteckt unter dem Busch __________. Mein kleiner

Hund _____ sie __________."

## 5 Trage die fehlenden Zeitformen ein.

[ ] / 10

| Gegenwart | 1. Vergangenheit | 2. Vergangenheit |
|---|---|---|
| er schnüffelt | | |
| | | er hat gejault |
| | er suchte | |
| er zieht | | |
| | | er hat gebellt |

## 6 Schreibe den Text in der 1. Vergangenheit auf.

[ ] / 6

Ein Mann ist ins Fundbüro gekommen. Er ist ganz unglücklich gewesen. Er hat nach einer Jacke gefragt. Er hat Glück gehabt. Die Jacke ist da gewesen. In der Jacke hat seine Brieftasche gesteckt.

## 7 Gegenwart, 1. Vergangenheit oder 2. Vergangenheit? Schreibe hinter jeden Satz die benutzte Zeitform.

[ ] / 3

Der Mann bedankte sich. ____

Er hat Pia einen Finderlohn gegeben. ____

Davon kauft sich Pia ein großes Eis und einen Ball für Muck. ____

**Meine Punkte:** [ ] / 44

# Test 9: Tunwörter mit Vorsilben

**1** **In jedem Satz fehlt das Tunwort „sehen“ mit einer der Vorsilben. Setze die passenden Wörter ein.** ☐ / 4

über-

an- um- -sehen

aus-

Heute werden wir uns die Ausstellung in der Schule ____________.

Wie schön die Saurier aus Pappmaschee ____________!

Fast hätte ich die bemalten Gläser hier ____________.

Ich will mich mal nach einem Kuchenstand ____________.

**2** **Mit diesen Vorsilben ergeben die Tunwörter keinen Sinn. Tausche die Vorsilben so aus, dass sinnvolle Wörter entstehen, und schreibe sie auf.** ☐ / 5

zerkündigen / ankleinern / ausnötigen / entlöffeln / befernen

______________________________________________

______________________________________________

**3** **Nur mit einer der Vorsilben lassen sich alle diese Tunwörter zu einem sinnvollen Wort verbinden. Kreise diese Vorsilbe ein.** ☐ / 1

er- vor- durch- ent- zer- aus-

-lassen -decken -scheiden -schließen -stehen -werfen

**4** **Mit welcher Vorsilbe müssen alle Tunwörter in dem Satz verbunden werden? Setze sie ein.** ☐ / 1

Das Monster Krassko macht alles kaputt:

Es ______schneidet die Tücher, es ______bricht die Flaschen, es ______legt die Maschinen,

es ______reißt die Buchseiten, es ______stört die Anlagen und ______trümmert die Türen.

## 5 Auch hier fehlt immer die gleiche Vorsilbe. Setze sie ein.

☐ / 1

Der tapfere Willi nimmt den Kampf gegen Krassko auf. Er ______steckt sich in der Nähe. Dann ______sucht er, ihn zu packen. Er ______folgt ihn, bis das Monster aufgibt und ______spricht, sich zu bessern.

## 6 Hier fehlen Tunwörter, die mit der Vorsilbe er- beginnen. Setze sie an den passenden Stellen im Text ein.

☐ / 4

er-

-frischen

-raten

-klären

-fahren

Am ersten Stand des Schulfests ☐ wir etwas über die Saurier.

Am zweiten Stand ☐ uns die Kinder, was sie über die Planeten wissen.

Am dritten Stand müssen wir ☐, was in den Kästen versteckt ist.

Am nächsten Stand können wir uns mit Saft und Obst ☐.

## 7 Streiche immer die Vorsilbe durch, die nicht passt.

☐ / 6

Darüber muss ich erst vor- / nach- denken.

Ich kann dich gerne vor- / nach- lassen.

Ich werde das Wort im Lexikon vor- / nach- schlagen.

Du sollst dich nicht vor- / nach- drängeln!

Soll ich ein Gedicht vor- / nach- tragen?

Du kannst gerne schon vor- / nach- gehen.

## 8 Elf von diesen Tunwörtern haben keine Vorsilbe. Unterstreiche sie.

☐ / 11

anfassen / angeln / beten / beraten / bellen / durchhalten / einsehen / einigen / entfernen / ernten / erfahren / hergeben / herrschen / verrechnen / vorsagen / hinlegen / hindern / hinken / zerbeißen / zerren / zuhören / zucken / zupfen

**Meine Punkte:** ☐ / 33

# Test 10: Wiewörter

## 1 Im Text gibt es drei Wiewörter. Unterstreiche sie.

☐ / 3

Einmal in der Woche ist in Tims Klasse Bücherstunde. Tim erzählt: „Mein Buch war dick. Die Geschichte war spannend. Die Bilder im Buch waren schön."

## 2 Tom hat in einem anderen Buch gelesen. Setze die Wiewörter an den passenden Stellen in seinen Bericht ein.

☐ / 3

dunkel / dünn / gruselig

Mein Buch war __________. Die Geschichte war __________.

Die Bilder im Buch waren sehr __________.

## 3 Wenn ein Wiewort vor einem Namenwort steht, verändert es seine Form. Unterstreiche die fünf Wiewörter im Text.

☐ / 5

Tims Buch handelte von einem neugierigen Jungen, der in gefährliche Abenteuer verwickelt wurde. Er begegnete wilden Tieren, geriet in eine verborgene Höhle und musste vor einem zornigen Stier flüchten.

## 4 Setze die Wiewörter in die richtige Form.

☐ / 5

In Christianes Buch standen (uralt) __________ Geschichten von (schrecklich) __________ Drachen, (böse) __________ Trollen, (gütig) __________ Feen und (zierlich) __________ Elfen.

## 5 Bilde aus den Namenwörtern und Wiewörtern zusammengesetzte Wiewörter. Denke daran, dass Wiewörter kleingeschrieben werden.

☐ / 4

so scharf wie ein Messer: __________

so leicht, dass Kinder es können: __________

so grün wie Moos: __________

so schnell wie der Blitz: __________

## 6 Setze die Wiewörter in die 1. Steigerungsstufe (1. Vergleichsstufe, Höherstufe).

☐ / 3

Veras Buch war dick. Es war ______ als Tims Buch.

Janas Buch war alt. Es war ______ als Annikas Buch.

Eriks Buch war groß. Es war ______ als Alis Buch.

## 7 Setze die Wiewörter in die 2. Steigerungsstufe (2. Vergleichsstufe, Höchststufe).

☐ / 4

Helen hat schon viele Bücher gelesen. Wenn sie von ihnen erzählt,

dann sind es immer die (spannend) ______ und

(interessant) ______, die (schön) ______

und die (gut) ______ Bücher gewesen.

## 8 Setze die passenden Nachsilben ein: -lich oder -ig.

☐ / 8

| | | | |
|---|---|---|---|
| freund______ | mut______ | erstaun______ | wind______ |
| großart______ | trotz______ | entsetz______ | mög______ |

## 9 Notiere das Gegenteil.

☐ / 9

| | | | | | |
|---|---|---|---|---|---|
| schlecht | ______ | jung | ______ | hart | ______ |
| dunkel | ______ | warm | ______ | leer | ______ |
| tief | ______ | dünn | ______ | klein | ______ |

Meine Punkte: ☐ / 44

# Test 11: Wortarten unterscheiden

**1** **In der Wörtersammlung gibt es fünf Wiewörter. Unterstreiche sie.** ☐ / 5

LACHEN / WITZE / LUSTIG / WASSER / KLAR / DURSTIG / TRINKEN /

BUNT / DUFTEN / BLUMEN / RENNEN / SCHULWEG / SCHNELL

**2** **Bilde aus den Silben acht Tunwörter in der Grundform.**
**Schreibe die Wörter auf.** ☐ / 8

ren- är- tei- -gern -len -nen

sit- wis- -dern -hen

wan- ste- tau- -chen -sen -zen

**3** **Im Text gibt es acht Namenwörter. Schreibe sie mit ihrem**
**bestimmten Begleiter auf.** ☐ / 8

Wir haben einen Ausflug in den nahen Wald gemacht. Auf einer Lichtung haben wir eine Pause eingelegt und unser Frühstück gegessen. Ganz in der Nähe gab es einen Bach. Dort haben wir einen großen Staudamm gebaut.

**4** **In jeder Wörterschlange findest du ein Wort, das nicht zur**
**gleichen Wortart gehört wie die anderen. Streiche es durch.** ☐ / 3

REHHIRSCHFUCHSEICHHÖRNCHENSCHNELLAMEISESPECHT

FLINKVORSICHTIGHUNGRIGSCHEUVOGELBUNTSTILLKLEINLEISE

SUCHENKRATZENNAGENZWITSCHERNALTBRÜTENFLIEGENHÜPFEN

**5** **Suche alle Namenwörter, Wiewörter und Tunwörter aus dem Text und schreibe sie geordnet auf.** ☐ / 18

Die Kinder gehen leise durch den dämmrigen Wald und beobachten alles genau. Sie entdecken unbekannte Sträucher mit dicken Beeren, seltene Pilze und kleine Tiere neben den vermoderten Baumstämmen.

**Namenwörter:** ______________________

______________________

**Wiewörter:** ______________________

______________________

**Tunwörter:** ______________________

______________________

**6** **Im Text gibt es sechs Tunwörter. Sie stehen in der 2. Vergangenheit. Schreibe sie in der Grundform auf.** ☐ / 6

Alle haben aus dem Wald etwas mitgebracht. Ingo hat ein verlassenes Vogelnest gefunden. Lea hat Kastanien gesammelt und bunte Blätter aufgehoben. Max ist mit einer Tüte Kiefernzapfen angekommen und Kati hat Rindenstücke von verschiedenen Bäumen zusammengetragen.

______________________

______________________

**7** **Mache ein Kreuz hinter die Reihe mit den meisten Wiewörtern.** ☐ / 1

AUSSTELLUNG / SORGFÄLTIG / BESCHRIFTEN / GENAU / ORDNEN ☐

EINLADEN / BESUCHER / NEUGIERIG / STAUNEN / INTERESSANT ☐

ZEIGEN / ERKLÄREN / FREUNDLICH / KLUG / AUSFÜHRLICH / TISCH ☐

**8** **Alle diese Wörter gehören zur Wortfamilie „zeichnen“. Sechs davon sind Namenwörter. Unterstreiche sie.** ☐ / 6

BEZEICHNUNG / ABZEICHNEN / WEGZEICHEN / AUSGEZEICHNET / BEZEICHNEND /

ABZEICHEN / ZEICHENBLOCK / VERZEICHNIS / ZEICHNERISCH / STRICHZEICHNUNG

**Meine Punkte:** ☐ / 55

# Test 12: Satzarten

## 1 Setze einen Punkt hinter jeden der vier Aussagesätze.

/ 4

MICHAS FAMILIE IST UMGEZOGEN NUN HAT MICHA ENDLICH EIN EIGENES ZIMMER AUCH SEINE SCHWESTER JANA BEKOMMT EIN ZIMMER FÜR SICH MICHA DARF SEIN NEUES ZIMMER GANZ ALLEIN EINRICHTEN

## 2 Bilde aus den Stichwörtern vollständige Aussagesätze, die beschreiben, was Micha tut.

/ 3

den Schrank an die Wand stellen
das Bett unter die Schräge schieben
den Tisch unter das Fenster rücken

## 3 Ordne die Wörter so, dass sinnvolle Aussagesätze entstehen.

/ 3

Dann das Micha guten sucht für Platz Bücherregal einen. Er Schreibtisch könnte neben stellen den es. Aber wäre dem neben Platz Bett ein guter auch.

## 4 Füge das richtige Satzzeichen ein und schreibe auf, zu welcher Satzart die Sätze gehören.

/ 5

Und wie ordne ich jetzt die Bücher___ Sollen sie alle durcheinanderstehen___

Welche sind eigentlich meine wichtigsten Bücher___ Und wo stelle ich die Schulbücher hin___

Dies alles sind ______________.

**5** **Viele Fragesätze beginnen mit einem Fragewort.**
**Schreibe mindestens sechs Fragewörter auf.** ___ / 6

______________________________

**6** **Schreibe die Fragen auf, die sich Micha stellt.** ___ / 3

Er möchte eins von drei Postern aufhängen.

W______________________________

Er sucht einen Platz, um seine Ritterburg aufzubauen.

W______________________________

Er denkt über eine Möglichkeit nach, das Modellflugzeug zu befestigen.

W______________________________

**7** **Wie heißen die Fragen zu diesen Antworten? Schreibe sie auf.** ___ / 3

______________ Ja, jetzt bin ich fertig.

______________ Natürlich darfst du es dir ansehen.

______________ Nein, eine Kiste ist noch voll.

**8** **Bilde Aufforderungssätze.** ___ / 6

vorsichtig sein: Sei ______________ !

den Flügel nicht abbrechen: ______________

die Schnur gut festhalten: ______________

nicht loslassen: ______________

es noch einmal versuchen: ______________

es sich anschauen: ______________

**Meine Punkte:** ___ / 33

# Test 13: Satzglieder

**1** **Stelle den Satz so um, dass jedes Satzglied einmal am Anfang steht.** /3

Peter putzt jede Woche den Vogelkäfig.

**2** **Umkreise die einzelnen Satzglieder.** /4

Seit Sonntag wohnt der Dackel Dagobert in seiner neuen Hundehütte.

**3** **Hier sind die Satzglieder von vier Sätzen durcheinandergeraten. Ordne sie so, dass sinnvolle Sätze entstehen. Schreibe die Sätze auf.** /4

Im Aquarium / rennen / drei Schlangen.
Im Katzenkorb / schlängeln sich / zwei Goldhamster.
Im Terrarium / schwimmen / drei Katzenkinder.
Im Laufrad / liegen / viele Fische.

**4** **Unterstreiche in jedem Satz das zweite Satzglied. Schreibe auf, wie dieses Satzglied heißt: Satzgegenstand oder Satzaussage (= Satzkern).** /5

Frank geht mit seinem kleinen Hund Freddy in die Hundeschule.

Bald hört Freddy ganz genau auf Franks Befehle.

Der brave Hund sitzt auf Kommando.

Frank streichelt Freddy nach jeder Aufgabe.

Dieses Satzglied steht in Aussagesätzen immer an zweiter Stelle:

## 5 Ergänze die angefangenen Sätze mit dem passenden Satzglied. ☐ / 4

ein Pony / zum Reiterhof / richtig gute Freunde / mit einer Bürste

Lilli geht jeden Tag ________.

Dort pflegt sie ________.

Sie striegelt es ________.

Lilli und das Pony sind schon ________.

## 6 Füge in jedem Satz den passenden Satzgegenstand ein. ☐ / 5

Hasso / Onkel Arnes Tauben / Oma Hildes Katze / Sabine / Zwei Kanarienvögel

________ wohnt in einem Haus mit vielen Tieren. In der Hütte im Garten wohnt ________ und bewacht das Haus. ________ hat fünf Junge bekommen. ________ trällern den ganzen Tag im Wohnzimmer von Familie Bauer. Und auf dem Dachboden gurren ________.

## 7 Setze die Satzaussagen richtig ein. ☐ / 6

gackert / bellt / wiehert / miaut / gurren / trällert

| | | |
|---|---|---|
| Der Hund ________. | Die Katze ________. | Das Pferd ________. |
| Der Kanarienvogel ________. | Die Tauben ________. | Das Huhn ________. |

## 8 Schreibe die Frage nach dem Satzgegenstand und die Frage nach der Satzaussage auf. ☐ / 2

Andreas rennt mit Rex um die Wette.

________

________

**Meine Punkte: ☐ / 33**

# Test 14: Wörtliche Rede

**1** **Unterstreiche, was Anton sagt.** ☐ / 1

Eva überlegt: „Sollen wir wirklich da durchgehen?“ Anton hat keine Angst. Er lacht: „Klar gehen wir da durch. Das ist eine Abkürzung.“ Aber Eva ist immer noch nicht überzeugt. „Der Weg ist aber sehr schmal“, meint sie. „Bestimmt ist er irgendwann gar nicht mehr zu sehen.“

**2** **Setze die fehlenden Redezeichen ein.** ☐ / 6

Anton sagt: Du kannst ja hierbleiben. Ich gehe jetzt jedenfalls los.

Eva fragt: Und wie soll ich dann nach Hause kommen?

Anton erklärt: Geh einfach immer der Straße nach.

**3** **Kannst du auch ohne Begleitsätze und Redezeichen feststellen, wer welche Sätze spricht? Unterstreiche das, was Eva sagt.** ☐ / 3

Ich will aber nicht ganz allein auf der Straße gehen. Dann komm doch mit. Aber wenn der Weg dann wirklich irgendwann aufhört? Dann können wir immer noch umkehren. Mein Freund Hannes hat jedenfalls gesagt, dass das hier eine super Abkürzung ist. Na gut, dann geh ich eben mit.

**4** **Setze die Redezeichen und die Doppelpunkte ein.** ☐ / 9

Nachdem die beiden eine Weile schweigend durch den Wald gegangen sind, sagt Anton  Siehst du, es ist gar nicht so schlimm.  Dann fügt er hinzu  Und der Weg wird sogar breiter.  Eva murmelt  Na ja.

**5** **Setze die Zahlen der Redesätze passend hinter die Begleitsätze.** ☐ / 3

Plötzlich zeigt Eva aufgeregt nach vorn und ruft: ☐

Anton fragt erstaunt: ☐

Eva packt seinen Arm und flüstert: ☐

**1** „Aber siehst du das denn nicht? Da vorne verzweigt sich der Weg!"
**2** „Was gibt es denn da zu sehen?"
**3** „Guck mal, da vorne!"

**6** **Schreibe passende Begleitsätze zu den Redesätzen.**
**Benutze diese Wörter: fragt, erwidert, beruhigt sie.**
**Füge auch die Doppelpunkte und die Redezeichen ein.** ☐ / 12

______ Meinst du die Stelle da unten im Farnkraut?

______ Ja, genau die meine ich. Welchen von den beiden Wegen müssen wir denn jetzt nehmen?

______ Warte, ich zeige es dir gleich.

**7** **Ersetze die eintönigen Begleitsätze durch abwechslungsreiche:**
**Schreibe die passenden Zahlen in die Lücken.** ☐ / 3

Anton sagt: (☐) „Siehst du, hinter dem Farnkraut treffen die beiden Wege wieder zusammen."

Eva sagt: (☐) „Da bin ich aber froh. Wusstest du das die ganze Zeit?"

Anton sagt: (☐) „Hannes hat mir das alles genau erklärt."

**1** Da nickt Anton und sagt:

**2** Eva seufzt erleichtert:

**3** Als sie an der Weggabelung ankommen, zeigt Anton nach vorn und erklärt lachend:

**8** **Sieben von den Tunwörtern können in einem Begleitsatz das Wort „sagen" ersetzen. Unterstreiche sie.** ☐ / 7

hüpfen / rufen / flüstern / marschieren / berichten / überqueren / springen / brummen / schimpfen / wandern / klagen / schleichen / stottern / kriechen

**Meine Punkte:** ☐ / 44

# Test 15: Abschlusstest

**1** **Notiere, wie häufig die fünf Selbstlaute in diesem Satz zu finden sind.** ☐ / 5

Morgen gehen wir alle zusammen ins Hallenbad zum Schwimmen.

a: ☐-mal  e: ☐-mal  i: ☐-mal  o: ☐-mal  u: ☐-mal

**2** **Setze die bestimmten Begleiter ein. Schreibe die Namenwörter dann in der Mehrzahl mit Begleiter auf.** ☐ / 6

☐ Dusche  ☐ Becken  ☐ Startblock

**3** **Verbinde die Wörter zu zusammengesetzten Namenwörtern. Schreibe sie auf und unterstreiche dann die Bestimmungswörter.** ☐ / 8

Sprung + Brett  Becken + Rand  nicht + Schwimmer  Wasser + Ball

**4** **Schreibe die Tunwörter in der Grundform auf.** ☐ / 6

ich springe / ich tauche / ich schwimme / ich kraule / ich plansche / ich rutsche

**5** **Schreibe auf, welche beiden Zeitformen in diesem Text benutzt werden: Gegenwart, 1. Vergangenheit oder 2. Vergangenheit.** ☐ / 2

Gestern stand ich zum ersten Mal auf dem Dreimeterbrett. Ich schaute nach unten ins Wasser. Ich erschrak. Das war ja furchtbar tief! Aber dann habe ich all meinen Mut zusammengenommen und bin gesprungen.

In diesem Text werden die ____________

und die ____________ benutzt.

**6** **Setze die Tunwörter in die Gegenwartsform.** ☐ / 6

Heute (stand) ____________ ich wieder auf dem Dreimeterbrett. Auch dieses Mal

(schaute) ____________ ich nach unten. Aber diesmal (erschrak) ____________

ich nicht. Es (war) ____________ ja gar nicht so furchtbar tief.

Ich (sprang) ____________ einfach. Das (machte) ____________ Spaß!

**7** **Zeichne Trennstriche zwischen die einzelnen Satzglieder. Unterstreiche in jedem Satz den Satzgegenstand grün und die Satzaussage (Satzkern) rot.** ☐ / 21

Heute wimmelt das Hallenbad von Kindern.

Beim Schwimmfest kämpfen die Mannschaften aller Schulen wie jedes Jahr um den Pokal.

Vielleicht gewinnt unsere Schule diesmal den Pokal.

Alle drücken die Daumen.

**8** **Setze die fehlenden Satzzeichen (Punkt, Ausrufezeichen, Fragezeichen) und die Redezeichen ein.** ☐ / 12

Der Bademeister ruft: Nun kommt mal alle her

Alle Kinder schreien durcheinander: Wer hat gewonnen

Der Bademeister lacht: Wenn ihr so laut seid, versteht ihr nichts

Langsam wird es leiser, immer leiser, bis man nur noch eine einzige dünne

Stimme hört: Hoffentlich wir, hoffentlich wir, hoffentlich wir

**Meine Punkte:** ☐ / 66

FiT FÜR DIE SCHULE

# TESTS

3. Klasse

mit Lernzielkontrolle

# Mathematik

von Peter Kohring

# Mathematik 3. Klasse

# Test 1: Gemischte Zehnerzahl +/– gemischte Zehnerzahl

## 1 Addiere in zwei Schritten.

☐ / 3

23 + 15 = ____ 52 + 17 = ____ 41 + 16 = ____

## 2 Subtrahiere in zwei Schritten.

☐ / 3

59 – 18 = ____ 39 – 17 = ____ 68 – 16 = ____

## 3 Wende den Rechenvorteil an.

☐ / 3

24 + 19 = ____ 35 + 19 = ____ 46 + 19 = ____

## 4 Addiere.

☐ / 3

56 + 18 = ____ 45 + 17 = ____ 29 + 16 = ____

## 5 Subtrahiere.

☐ / 3

63 – 15 = ____ 73 – 18 = ____ 52 – 16 = ____

## 6 Achte auf die Rechenzeichen.

☐ / 3

25 + 16 = ____ 46 – 17 = ____ 42 + 19 = ____

## 7 Addiere beide Zahlen.

☐ / 3

43 + 21 = ____ 24 + 53 = ____ 34 + 54 = ____

## 8 Subtrahiere. ☐ / 3

56 – 32 = ____ 65 – 24 = ____ 88 – 45 = ____

## 9 Berechne die Summen. ☐ / 3

25 + 28 = ____ 46 + 35 = ____ 53 + 29 = ____

## 10 Berechne die Differenz. ☐ / 3

74 – 26 = ____ 82 – 45 = ____ 64 – 49 = ____

## 11 Wie heißt die Zahl im markierten Feld? Errechne die Turmzahlen. ☐ / 3

64
33 | 31
19 | 14 | 17

☐
☐ | ☐
16 | 15 | 17

☐
☐ | ☐
14 | 16 | 19

☐
☐ | ☐
12 | 18 | 16

**Meine Punkte:** ☐ / 33

# Test 2: Sachaufgaben zu Addition und Subtraktion

**1** **Die Klasse 3a führte eine Verkehrszählung durch.**
**Innerhalb einer Stunde fuhren 59 Pkw und 26 Lkw vorbei.**
**Wie viele Fahrzeuge fuhren vorbei?** ☐ / 1

_____ Fahrzeuge fuhren vorbei.

**2** **Jan hat 63 € gespart. Er kauft ein T-Shirt für 19 €.**
**Wie viel Euro bleiben übrig?** ☐ / 1

_____ € bleiben übrig.

**3** **Auf einem Parkplatz stehen um 9 Uhr 57 Autos.**
**Bis 10 Uhr parken 26 weitere Autos. Kein Auto fährt weg.**
**Wie viele Autos stehen um 10 Uhr auf dem Parkplatz?** ☐ / 1

_____ Autos stehen auf dem Parkplatz.

**4** **In die Klasse 3a gehen 28 Kinder, in die Klasse 3b sogar 29.**
**Wie viele Drittklässler gehen in diese Schule?** ☐ / 1

_____ Drittklässler gehen in diese Schule.

**5** **Von den 54 Drittklässlern der Grundschule Schlauhausen**
**können 18 Kinder noch nicht schwimmen.**
**Wie viele Schwimmer sind unter den Drittklässlern?** ☐ / 1

_____ Schwimmer sind unter den Drittklässlern.

**6** **Laura sammelt Autogramme. Sie hat bereits 58 Stück.**
**Bei einem Konzert sammelt sie weitere 13 Autogramme.**
**Wie viele Autogramme hat sie nun?** ☐ / 1

_____ Autogramme hat sie nun.

**7** **Tim sammelt Bilder von Fußballstars. Seine Sammlung umfasst schon 94 Bilder. Die 17 doppelten Bilder verschenkt er. Wie viele Bilder hat er noch?** ☐ / 1

_____ Bilder hat er noch.

**8** **Nach den Sommerferien wurden 24 Jungen und 37 Mädchen eingeschult. Wie viele Erstklässler wurden insgesamt eingeschult?** ☐ / 1

_____ Erstklässler wurden eingeschult.

**9** **Michelle bekommt neue Sportkleidung. Die Sporthose kostet 27 €, das T-Shirt 18 €. Wie viel Euro kostet die Sportkleidung?** ☐ / 1

_____ € kostet die Sportkleidung.

**10** **Lea kauft zum Schuljahresanfang eine neue Schultasche für 68 €. Sie bezahlt mit einem 100-Euro-Schein. Wie viel Euro bekommt sie an der Kasse heraus?** ☐ / 1

_____ € bekommt sie heraus.

**11** **Leon bekommt zum Geburtstag von allen Verwandten insgesamt 100 €. Er kauft ein PC-Spiel für 18 €. Wie viel Euro hat er noch übrig?** ☐ / 1

_____ € hat er noch übrig.

**Meine Punkte:** ☐ / 11

# Test 3: Gemischte Zehnerzahl +/– gemischte Zehnerzahl

**1** Zähle bei jedem Rechenschritt die Zahl im blauen Kästchen dazu. ☐ / 12

11 → + 26 → ☐ → + 26 → ☐ → + 26 → ☐

12 → + 24 → ☐ → + 24 → ☐ → + 24 → ☐

15 → + 25 → ☐ → + 25 → ☐ → + 25 → ☐

16 → + 23 → ☐ → + 23 → ☐ → + 23 → ☐

**2** Fülle die Leerstellen aus. ☐ / 4

| + 48 | |
|---|---|
| 45 | |
| 26 | |
| 37 | |
| 29 | |

**3** Rechne die Aufgaben aus. ☐ / 6

29 + 36 = ______ 34 + 27 = ______ 46 + 35 = ______

18 + 56 = ______ 25 + 46 = ______ 58 + 14 = ______

**4** Gib die fehlenden Zahlen der Rechenschlange an. ☐ / 5

25 → + 27 → ☐ → + 18 → ☐

↓ – 36 ↓

☐ ← + 39 ← ☐ ← + 27 ← ☐

## 5 Gib die jeweilige Rechenvorschrift an. /9

| | | | | | | | |
|---|---|---|---|---|---|---|---|
| 29 → + ___ → 76 | | 24 → + ___ → 81 | | 36 → + ___ → 83 | | | |
| 82 → − ___ → 46 | | 94 → − ___ → 37 | | 86 → − ___ → 29 | | | |
| 26 → + ___ → 71 | | 94 → − ___ → 35 | | 37 → + ___ → 82 | | | |

## 6 Berechne die Aufgaben. /6

81 − 27 = ______ 62 − 36 = ______ 74 − 48 = ______

54 − 37 = ______ 83 − 59 = ______ 92 − 53 = ______

## 7 /1

**Maximilian kauft einen neuen Jogginganzug für 72 €.**
**Wegen eines Farbfehlers bekommt er 26 € nachgelassen.**
**Wie viel Euro muss er nun bezahlen?**

Er muss ______ € bezahlen.

## 8 /1

**Lea liest ein spannendes Buch. Sie hat bereits 49 Seiten gelesen.**
**Heute liest sie nochmals 16 Seiten.**
**Wie viele Seiten hat sie nun gelesen?**

Sie hat nun ______ Seiten gelesen.

**Meine Punkte: ___ / 44**

# Test 4: Einmaleins mit 2, 3, 5, 6, 9 und 10

## 1 Mit welcher Zahl musst du 2, 5 und 10 multiplizieren?

/ 9

_____ · 2 = 12    _____ · 5 = 35    _____ · 10 = 70

_____ · 2 = 18    _____ · 5 = 45    _____ · 10 = 30

_____ · 2 = 10    _____ · 5 = 20    _____ · 10 = 80

## 2 Fülle die Leerstellen in der Tabelle aus.

/ 6

| • | 2 | 5 |
|---|---|---|
| 7 | | |
| 9 | | |
| 6 | | |

## 3 Wie heißen die passenden Einmaleinssätze?

/ 9

12 = _____ · 2    45 = _____ · 5    70 = _____ · 10

15 = _____ · 5    18 = _____ · 2    40 = _____ · 10

14 = _____ · 2    35 = _____ · 5    90 = _____ · 10

## 4 Gib die Ergebnisse an.

/ 6

6 → · 5 → ☐    8 → · 2 → ☐

9 → · 5 → ☐    6 → · 2 → ☐

7 → · 2 → ☐    5 → · 5 → ☐

## 5 Notiere die verschiedenen Einmaleinssätze.

/ 3

20 = _____ · 5    20 = _____ · 10    20 = _____ · 2

## 6 Mit welcher Zahl musst du multiplizieren? / 9

30 = ______ · 3    30 = ______ · 6    27 = ______ · 9

15 = ______ · 3    54 = ______ · 6    45 = ______ · 9

24 = ______ · 3    42 = ______ · 6    18 = ______ · 9

## 7 Fülle die Leerfelder in der Tabelle aus. / 6

| • | 9 | 3 | 6 |
|---|---|---|---|
| 7 | | | |
| 9 | | | |

## 8 Trage die Ergebnisse ein. / 3

8 · 9 = ______    8 · 6 = ______    8 · 3 = ______

## 9 Rechne die Einmaleins-Aufgaben. / 4

9 · 6 = ______    7 · 3 = ______

7 · 9 = ______    9 · 5 = ______

**Meine Punkte: / 55**

# Test 5: Einmaleins mit 4, 7 und 8

**1** **Multipliziere.** ☐ / 3

6 → · 4 → ☐ 4 → · 8 → ☐

6 → · 7 → ☐

**2** **Wie viel mal 8?** ☐ / 6

24 = ____ · 8 48 = ____ · 8 64 = ____ · 8

32 = ____ · 8 56 = ____ · 8 72 = ____ · 8

**3** **Welche beiden Zahlen fehlen in der Siebenerreihe?** ☐ / 2

| | | | | | | | | | |
|---|---|---|---|---|---|---|---|---|---|
| 7 | 14 | 21 | | 35 | 42 | | 56 | 63 | 70 |

**4** **Wie viel mal 4, 8 oder 7?** ☐ / 6

40 = ____ · 8 56 = ____ · 7 36 = ____ · 4

21 = ____ · 7 28 = ____ · 4 32 = ____ · 8

**5** **Fülle die Leerfelder der Tabelle aus.** ☐ / 12

| • | 7 | 4 | 8 |
|---|---|---|---|
| 7 | | | |
| 3 | | | |
| 6 | | | |
| 9 | | | |

## 6 Wie heißen die Wörter?

☐ / 4

| | | | | | |
|---|---|---|---|---|---|
| 9 · 7 | 2 · 8 | 6 · 7 | 5 · 7 | 1 · 7 | 5 · 8 |
| A | B | D | E | F | G |
| 3 · 7 | 2 · 7 | 7 · 8 | 10 · 8 | 8 · 8 | 7 · 7 |
| H | I | K | L | M | N |
| 1 · 8 | 4 · 8 | 4 · 7 | 3 · 8 | 10 · 7 | 9 · 8 |
| O | P | R | S | T | U |
| 6 · 8 | | | | | |
| W | | | | | |

56 / 14 / 49 / 8 ___ ___ ___ ___ 40 / 8 / 80 / 42 ___ ___ ___ ___

40 / 35 / 80 / 42 ___ ___ ___ ___ 16 / 63 / 72 / 64 ___ ___ ___ ___

## 7 Welche Zahl gehört nicht zur Achterreihe?

☐ / 1

24 56 48 18 80
40 16 32 64

Die Lösung lautet ______.

## 8 Kennst du alle Einmaleinssätze?

☐ / 10

$4 \cdot 6 =$ ______ $9 \cdot 8 =$ ______ $4 \cdot 7 =$ ______

$4 \cdot 9 =$ ______ $6 \cdot 7 =$ ______

$8 \cdot 8 =$ ______ $8 \cdot 7 =$ ______ $5 \cdot 4 =$ ______

$8 \cdot 9 =$ ______ $7 \cdot 3 =$ ______

**Meine Punkte:** ☐ / 44

# Test 6: Sachaufgaben zum Einmaleins

**1** **Ein Hochhaus hat 9 Stockwerke. Auf jedem Stockwerk gibt es 7 Wohnungen. Alle Wohnungen sind vermietet. Wie viele Wohnungen sind vermietet?** ☐ / 1

_____ Wohnungen sind vermietet.

**2** **Daniel kauft für den Zeichenunterricht Buntstifte. Jede Packung enthält 6 Stifte. Er hat 9 Packungen gekauft. Wie viele Stifte hat er insgesamt gekauft?** ☐ / 1

Er hat insgesamt _____ Stifte gekauft.

**3** **Die Kinder der Klasse 3b sitzen an 7 Gruppentischen. An jedem Gruppentisch sitzen 4 Kinder. Wie viele Kinder gehen in die Klasse 3b?** ☐ / 1

_____ Kinder gehen in die Klasse 3b.

**4** **Sarah kauft für ihren Geburtstag 6 Schachteln Schokoküsse ein. In jeder Schachtel sind 8 Schokoküsse. Wie viele Schokoküsse hat sie eingekauft?** ☐ / 1

Sie hat _____ Schokoküsse eingekauft.

**5** **Orangen wurden in Netze abgepackt. In jedem Netz befinden sich 8 Orangen. In einen Karton passen 8 Netze. Wie viele Orangen sind in einem Karton?** ☐ / 1

In einem Karton sind _____ Orangen.

**6** **Die Kinder der Klasse 3a bilden beim Sport zusammen 6 Mannschaften. In jeder Mannschaft sind 4 Kinder. Wie viele Kinder gehen in die Klasse 3a?** ☐ / 1

_____ Kinder gehen in die Klasse 3a.

**7** **Jonas legt sieben 5-Euro-Scheine in seine Sparbüchse.**
**Wie viel Euro sind nun in seiner Sparbüchse?**

▭ / 1

_____ € sind nun in seiner Sparbüchse.

**8** **Hausmeister Stober stapelt jeweils 6 Stühle aufeinander.**
**9 Stapel sind fertig.**
**Wie viele Stühle hat er insgesamt gestapelt?**

▭ / 1

Er hat _____ Stühle gestapelt.

**9** **Sophie kauft 7 Packungen Joghurtbecher zu je 4 Stück.**
**Wie viele Joghurtbecher hat sie gekauft?**

▭ / 1

Sie hat _____ Joghurtbecher gekauft.

**10** **Niklas klebt Urlaubsbilder in sein Album. Auf jede Seite passen 4 Bilder. 9 Seiten sind nun fertig.**
**Wie viele Bilder hat er eingeklebt?**

▭ / 1

_____ Bilder hat er eingeklebt.

**11** **Eine Werkstatt hat Autoreifen gestapelt.**
**Jeder Stapel enthält 4 Reifen. Der Lehrling zählt 8 Stapel.**
**Wie viele Reifen sind gestapelt?**

▭ / 1

_____ Reifen sind gestapelt.

**Meine Punkte:** ▭ / 11

# Test 7: Division

## 1 Trage die Ergebnisse ein. ___ / 9

18 : 2 = ______ 21 : 3 = ______ 28 : 4 = ______

45 : 5 = ______ 48 : 6 = ______ 42 : 7 = ______

56 : 8 = ______ 63 : 9 = ______ 80 : 10 = ______

## 2 Bestimme den Teiler. ___ / 6

35 : ______ = 5 32 : ______ = 4 81 : ______ = 9

54 : ______ = 6 49 : ______ = 7 28 : ______ = 4

## 3 Berechne die Aufgaben. ___ / 6

21 : 3 = ______ 24 : 8 = ______ 27 : 9 = ______

30 : 5 = ______ 35 : 7 = ______ 36 : 9 = ______

## 4 Gib die Ergebnisse an. ___ / 8

81 → : 9 → ☐ 35 → : 5 → ☐

72 → : 8 → ☐ 36 → : 4 → ☐

56 → : 7 → ☐ 27 → : 3 → ☐

48 → : 6 → ☐ 56 → : 8 → ☐

## 5 Wie heißen die Ergebnisse? ___ / 6

40 : 8 = ______ 42 : 7 = ______ 45 : 5 = ______

48 : 6 = ______ 49 : 7 = ______ 54 : 6 = ______

**6** **Fülle die Leerfelder der Rechenkette aus.** ☐ / 5

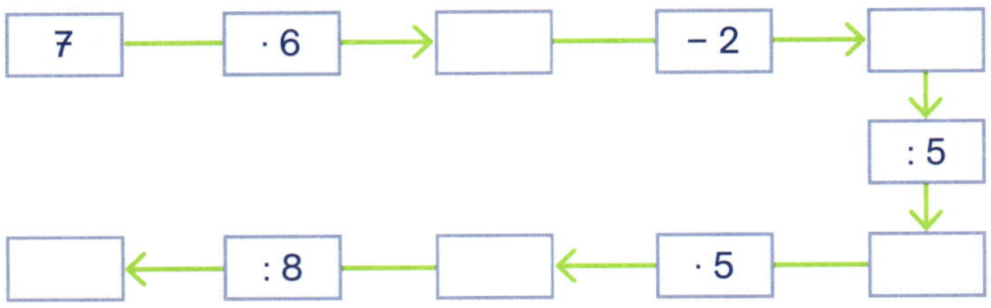


**7** **5 Freunde tragen am Nachmittag Prospekte aus und verdienen zusammen 35 €. Sie verteilen das Geld gerecht untereinander. Wie viel Euro bekommt jedes Kind?** ☐ / 1

Jedes Kind bekommt ______ €.

**8** **Hausmeister Blum hat 72 Stühle gestapelt. In jedem Stapel sind 9 Stühle. Wie viele Stapel hat er gestapelt?** ☐ / 1

Er hat ______ Stapel gestapelt.

**9** **Anne hat im Urlaub 36 Bilder geknipst. Immer 4 Bilder klebt sie auf eine Albumseite. Wie viele Seiten braucht sie?** ☐ / 1

Sie braucht ______ Seiten.

**10** **Herr Schuster gibt seinen 3 Kindern insgesamt 27 € Taschengeld. Jedes Kind bekommt gleich viel. Wie viel Euro bekommt jedes Kind?** ☐ / 1

Jedes Kind bekommt ______ €.

**Meine Punkte:** ☐ / 44

# Test 8: Erweiterung des Zahlenraums

**1** **Ergänze zum nächsten Hunderter.** ☐ / 4

430 + ______ = 500      720 + ______ = 800

540 + ______ = 600      610 + ______ = 700

**2** **Addiere.** ☐ / 4

150 + 80 = ________      470 + 90 = ________

540 + 70 = ________      680 + 60 = ________

**3** **Subtrahiere.** ☐ / 4

200 − 50 = ________      900 − 70 = ________

1 000 − 20 = ________      1 000 − 600 = ________

**4** **Zerlege die Hunderterzahlen.** ☐ / 4

| 400 | |
|---|---|
| 160 | |
| 270 | |

| 700 | |
|---|---|
| 410 | |
| 240 | |

**5** **Bilde die Summe.** ☐ / 4

460 + 170 = ________      380 + 140 = ________

290 + 160 = ________      570 + 180 = ________

**6** **Errechne die Differenz.** ☐ / 4

740 − 190 = ________      510 − 150 = ________

820 − 160 = ________      630 − 180 = ________

## 7 Addiere in zwei Rechenschritten.

☐ / 6

370 + 48 = ______ 280 + 59 = ______

290 + 75 = ______ 170 + 81 = ______

540 + 94 = ______ 350 + 67 = ______

## 8 Subtrahiere in zwei Rechenschritten.

☐ / 6

530 − 47 = ______ 720 − 76 = ______

370 − 86 = ______ 910 − 83 = ______

450 − 79 = ______ 850 − 62 = ______

## 9 Berechne die Differenz.

☐ / 6

873 − 242 = ______ 978 − 643 = ______

764 − 413 = ______ 867 − 526 = ______

975 − 253 = ______ 759 − 415 = ______

## 10 Zur Plattform des Aussichtsturms sind es genau 280 Treppenstufen.

**Nach 165 Stufen macht Sonja eine Pause.**
**Wie viele Treppenstufen muss sie noch steigen?**

☐ / 1

______ Treppenstufen muss sie noch steigen.

## 11 Die kleine Gemeinde Waldbach zählt

**365 männliche und 418 weibliche Einwohner.**
**Wie viele Einwohner hat die Gemeinde insgesamt?**

☐ / 1

Die Gemeinde hat ______ Einwohner.

**Meine Punkte:** ☐ / 44

# Test 9: Schriftliche Addition und Subtraktion

## 1 Addiere schriftlich.

/4

| | | | | | |
|---|---|---|---|---|---|
| | | 4 | 3 | 2 | |
| | + | 2 | 8 | 9 | |
| | | | | | |
| | | | | | |

| | | | | | |
|---|---|---|---|---|---|
| | | 2 | 7 | 5 | |
| | + | 4 | 5 | 8 | |
| | | | | | |
| | | | | | |

| | | | | | |
|---|---|---|---|---|---|
| | | 1 | 9 | 8 | |
| | + | 6 | 4 | 6 | |
| | | | | | |
| | | | | | |

| | | | | | |
|---|---|---|---|---|---|
| | | 3 | 8 | 6 | |
| | + | 2 | 5 | 9 | |
| | | | | | |
| | | | | | |

## 2 Schreibe die Zahlen untereinander und addiere sie.

/3

239 + 78 + 167

415 + 123 + 86

34 + 267 + 178

## 3 Wie heißt die fehlende Ziffer?

/4

| | | | | | |
|---|---|---|---|---|---|
| | | 4 | 0 | 8 | |
| | + | 2 | 7 | | |
| | | | 1 | | |
| | | 6 | 8 | 7 | |

| | | | | | |
|---|---|---|---|---|---|
| | | 2 | | 6 | |
| | + | 3 | 4 | 7 | |
| | | 1 | 1 | | |
| | | 6 | 3 | 3 | |

| | | | | | |
|---|---|---|---|---|---|
| | | 6 | 4 | 2 | |
| | + | | 9 | 8 | |
| | | 1 | 1 | | |
| | | 8 | 4 | 0 | |

| | | | | | |
|---|---|---|---|---|---|
| | | 3 | 5 | 0 | |
| | + | 4 | 7 | 8 | |
| | | 1 | | | |
| | | 8 | | 8 | |

## 4 Subtrahiere schriftlich.

/4

| | | | | | |
|---|---|---|---|---|---|
| | | 6 | 8 | 3 | |
| | − | 1 | 4 | 7 | |
| | | | | | |
| | | | | | |

| | | | | | |
|---|---|---|---|---|---|
| | | 8 | 7 | 5 | |
| | − | 2 | 4 | 8 | |
| | | | | | |
| | | | | | |

| | | | | | |
|---|---|---|---|---|---|
| | | 6 | 9 | 2 | |
| | − | 3 | 5 | 9 | |
| | | | | | |
| | | | | | |

| | | | | | |
|---|---|---|---|---|---|
| | | 9 | 8 | 4 | |
| | − | 3 | 2 | 5 | |
| | | | | | |
| | | | | | |

## 5 Schreibe untereinander und subtrahiere.

/3

512 − 237

645 − 378

873 − 296

## 6 Wie heißen die fehlenden Ziffern?

/ 4

| | | | | | |
|---|---|---|---|---|---|
| | | | 8 | 2 | |
| | − | 4 | 9 | 6 | |
| | | 1 | 1 | | |
| | | 3 | 8 | 6 | |

| | | | | | |
|---|---|---|---|---|---|
| | | 9 | | 5 | |
| | − | 5 | 8 | 7 | |
| | | 1 | 1 | | |
| | | 3 | 1 | 8 | |

| | | | | | |
|---|---|---|---|---|---|
| | | 7 | 1 | 2 | |
| | − | 1 | 7 | | |
| | | 1 | 1 | | |
| | | 5 | 3 | 7 | |

| | | | | | |
|---|---|---|---|---|---|
| | | 7 | 0 | 1 | |
| | − | 3 | 4 | 8 | |
| | | 1 | 1 | | |
| | | 3 | | 3 | |

## 7 Rechne im Kopf aus. Rechne vorteilhaft.

/ 5

345 + 299 = ______  267 + 399 = ______

873 − 199 = ______  628 − 499 = ______

287 + 599 = ______

## 8 Subtrahiere immer die gleiche Zahl.

/ 4

983 − 267  Ergebnis − 267  874 − 187  Ergebnis − 187

## 9 In die Grund- und Hauptschule Munzheim gehen 356 Grundschüler und 195 Hauptschüler. Wie viele Schüler besuchen diese Schule?

/ 1

______ Schüler besuchen diese Schule.

## 10 Anna fährt mit ihrer Familie nach Italien. Am ersten Tag fahren sie 469 km, am zweiten nochmals 378 km. Wie viel Kilometer ist der Urlaubsort entfernt?

/ 1

Der Urlaubsort ist ______ km entfernt.

**Meine Punkte:** / 33

# Test 10: Multiplikation und Division mit/durch Zehnerzahlen

**1** **Rechne aus.** ☐ / 6

7 · 50 = ______ 6 · 80 = ______ 4 · 90 = ______

5 · 70 = ______ 8 · 60 = ______ 9 · 40 = ______

**2** **Notiere die Ergebnisse.** ☐ / 6

90 · 5 = ______ 40 · 8 = ______ 30 · 9 = ______

20 · 7 = ______ 80 · 2 = ______ 50 · 6 = ______

**3** **Mit welcher Zahl musst du multiplizieren?** ☐ / 6

______ · 60 = 240 ______ · 80 = 560 ______ · 40 = 320

______ · 90 = 540 ______ · 30 = 210 ______ · 50 = 350

**4** **Errechne die fehlende Zahl.** ☐ / 6

4 · ______ = 360 5 · ______ = 150 6 · ______ = 180

7 · ______ = 420 8 · ______ = 560 9 · ______ = 720

**5** **Inga holt bei ihrer Bank sieben 50-Euro-Scheine.**
**Wie viel Euro hat sie insgesamt geholt?** ☐ / 1

Sie hat insgesamt ______ € geholt.

**6** **Herr Gruber zahlt auf sein Bankkonto fünf 50-Euro-Scheine ein.**
**Wie viel Euro hat er eingezahlt?** ☐ / 1

Herr Gruber hat ______ € eingezahlt.

**7** **Ein Lkw wird mit 9 Kisten zu je 40 kg beladen.**
**Wie viel Kilogramm wiegt die Ladung?** ☐ / 1

Die Ladung wiegt ______ kg.

## 8 Rechne aus.

/ 3

280 : 10 = ______ 530 : 10 = ______ 760 : 10 = ______

## 9 Dividiere in zwei Schritten.

/ 6

210 : 70 = ______ 420 : 60 = ______ 560 : 80 = ______

270 : 90 = ______ 350 : 50 = ______ 280 : 40 = ______

## 10 Wie heißt der Teiler?

/ 9

350 : ______ = 7 420 : ______ = 6 640 : ______ = 8

480 : ______ = 8 240 : ______ = 3 720 : ______ = 9

360 : ______ = 4 270 : ______ = 9 630 : ______ = 7

## 11 Welche Zahlen musst du teilen?

/ 6

________ : 60 = 7 ________ : 80 = 4 ________ : 30 = 8

________ : 90 = 6 ________ : 70 = 7 ________ : 20 = 9

## 12 Laura hebt von der Bank 400 € ab und lässt sich den Betrag in 50-Euro-Scheinen geben. Wie viele 50-Euro-Scheine bekommt sie?

/ 1

Sie bekommt ______ 50-Euro-Scheine.

## 13 Ein Lkw ist mit gleich schweren Kisten beladen. Die Ladung wiegt insgesamt 560 kg, eine Kiste wiegt 80 kg. Wie viele Kisten liegen auf dem Lkw?

/ 1

______ Kisten liegen auf dem Lkw.

## 14 Lagerarbeiter Hanno belädt einen Lkw mit 8 Kisten zu je 40 kg und 7 Kisten zu je 50 kg. Wie viel Kilogramm wiegt die gesamte Ladung?

/ 2

________ kg wiegt die Gesamtladung.

**Meine Punkte:** / 55

# Test 11: Halbschriftliche Multiplikation und Division

## 1 Schreibe beim Lösen die Zwischenergebnisse auf.

/ 3

5 · 17 = ______ + ______ = ________

6 · 19 = ______ + ______ = ________

8 · 18 = ______ + ______ = ________

## 2 Vervielfache, ohne die Zwischenergebnisse zu notieren.

/ 6

9 · 14 = ________ 7 · 16 = ________ 8 · 15 = ________

4 · 19 = ________ 5 · 18 = ________ 6 · 13 = ________

## 3 Fülle die Tabelle aus.

/ 4

| • | 16 | 19 |
|---|---|---|
| 7 | | |
| 9 | | |

## 4 Trage die Ergebnisse in die Kästchen ein.

/ 4

6 → · 17 → ☐ 9 → · 13 → ☐

8 → · 14 → ☐ 7 → · 18 → ☐

## 5 Zerlege in günstige Aufgaben.

/ 3

75 : 5 = ______ 96 : 8 = ______ 56 : 4 = ______

______ : 5 = ______ ______ : 8 = ______ ______ : 4 = ______

______ : 5 = ______ ______ : 8 = ______ ______ : 4 = ______

## 6 Löse die Aufgaben ohne Zwischenergebnisse.

/ 3

65 : 5 = ______ 98 : 7 = ______ 72 : 6 = ______

## 7 Fülle die Leerstellen in der Tabelle aus.

☐ / 8

| : | 3 | 4 | 6 | 9 |
|---|---|---|---|---|
| 216 | | | | |
| 648 | | | | |

## 8 Rechne aus.

☐ / 4

387 — : 9 → ☐

496 — : 8 → ☐

588 — : 7 → ☐

414 — : 6 → ☐

## 9 Gib die fehlenden Zahlen an.

☐ / 3

| : 7 | |
|---|---|
| 504 | |
| 231 | |
| 189 | |

## 10 Löse die Aufgaben der Rechenkette.

☐ / 5

630 — : 7 → ☐ — + 6 → ☐ — : 3 ↓ ☐ — • 4 → ☐ — : 8 → ☐

## 11 Wie heißt meine Zahl?

☐ / 1

**Wenn ich meine Zahl mit 4 vervielfache, so erhalte ich die Zahl 316.**

Meine Zahl heißt ______.

**Meine Punkte:** ☐ / 44

# Test 12: Sachaufgaben zu Multiplikation und Division

**1** **Ehepaar Kunz verreist 7 Tage.**
**Für Vollpension bezahlt es täglich 87 €.**
**Wie viel Euro kostet der Kurzurlaub?** ☐ / 1

Der Kurzurlaub kostet ________ €.

**2** **Vater kauft 4 Winterreifen zum Stückpreis von 127 €.**
**Wie viel Euro muss er bezahlen?** ☐ / 1

Er muss ________ € bezahlen.

**3** **Mutter kauft 6 Stühle. Jeder Stuhl kostet 148 €.**
**Wie viel Euro muss sie bezahlen?** ☐ / 1

Sie muss ________ € bezahlen.

**4** **Im Sonderangebot werden T-Shirts zum Preis von 18 €**
**pro Stück angeboten. Anja kauft 4 T-Shirts.**
**Wie viel Euro muss sie bezahlen?** ☐ / 1

Sie muss ______ € bezahlen.

**5** **Maximilian nimmt an einem achttägigen Ferienlager teil.**
**Seine Eltern müssen für den gesamten Aufenthalt 288 € bezahlen.**
**Wie viel Euro kostet jeder Tag?** ☐ / 1

Jeder Tag kostet ______ €.

**6** **Frau Gruber kauft beim Glasbläser 6 Sektgläser**
**für insgesamt 258 €.**
**Wie viel Euro kostet ein Sektglas?** ☐ / 1

Ein Sektglas kostet ______ €.

**7** **Schreinermeister Leber baut in 8 Stunden eine Schrankwand auf. Er verlangt 256 € Arbeitslohn. Wie viel Euro kostet eine Arbeitsstunde?**

☐ /1

Eine Arbeitsstunde kostet ______ €.

**8** **Leo kauft mit seinem Vater einen 5 m langen Teppich von der Rolle für insgesamt 235 €. Berechne den Meterpreis.**

☐ /1

Ein Meter kostet ______ €.

**9** **Bei einer Baumschule kauft Frau Frank 5 Tannen für 245 €. Wie viel Euro kostet eine Tanne?**

☐ /1

Eine Tanne kostet ______ €.

**10** **Eine Sportgruppe unternimmt eine neuntägige Radwanderung. Sie fährt jeden Tag 84 km. Wie viele Kilometer fährt sie insgesamt?**

☐ /1

________ km fährt sie insgesamt.

**11** **Sportlehrer Knaus kauft für den Unterricht 8 Fußbälle für insgesamt 312 €. Wie viel Euro kostet ein Fußball?**

☐ /1

Ein Fußball kostet ______ €.

**Meine Punkte:** ☐ /11

# Test 13: Kreuz und quer durch alle Rechenarten

**1** **Berechne die fehlenden Zahlen der Rechenschlange.** ☐ / 7

27 → · 5 → ☐ → − 51 → ☐ → : 7 → ☐ → · 9 → ☐ → + 28 → ☐ → : 4 → ☐ → · 8 → ☐

**2** **Berechne die Summen.** ☐ / 3

| | | | |
|---|---|---|---|
| | 3 | 4 | 9 |
| + | 2 | 8 | 5 |
| | | | |

| | | | |
|---|---|---|---|
| | 2 | 6 | 8 |
| + | 5 | 5 | 9 |
| | | | |

| | | | |
|---|---|---|---|
| | 1 | 8 | 3 |
| + | 4 | 7 | 9 |
| | | | |

**3** **Gib die Differenzen an.** ☐ / 3

| | | | |
|---|---|---|---|
| | 7 | 2 | 5 |
| − | 3 | 6 | 7 |
| | | | |

| | | | |
|---|---|---|---|
| | 8 | 3 | 6 |
| − | 3 | 5 | 8 |
| | | | |

| | | | |
|---|---|---|---|
| | 9 | 1 | 2 |
| − | 5 | 8 | 4 |
| | | | |

**4** **Wie heißt meine Zahl?** ☐ / 1

**Wenn ich zu meiner Zahl 367 addiere, so erhalte ich die Zahl 705.**

Meine Zahl heißt ________.

**5** **Rechne die Aufgaben.** ☐ / 3

6 · 37 = ________ 7 · 83 = ________ 8 · 79 = ________

**6** **Wie heißt meine Zahl?**
**Wenn ich von meiner Zahl 278 subtrahiere, so erhalte ich die Zahl 459.** ☐ / 1

| | | | | | |
|---|---|---|---|---|---|
| | | | | | |
| | | | | | |
| | | | | | |

Meine Zahl heißt ______.

**7** **Wie heißt die Zahl?**
**Wenn ich meine Zahl durch 9 dividiere, so erhalte ich 57.** ☐ / 1

Meine Zahl heißt ______.

**8** **Trage die Ergebnisse ein.** ☐ / 3

504 : 6 = ____ 592 : 8 = ____ 644 : 7 = ____

**9** **Wie heißt die Zahl?**
**Wenn ich meine Zahl mit 6 multipliziere, so erhalte ich die Zahl 468.** ☐ / 1

Meine Zahl heißt ______.

**10** **Rechne im Kopf aus und trage die Ergebnisse ein.** ☐ / 10

248 + 499 = ______ 812 − 499 = ______

8 · 57 = ______ 272 : 4 = ______

83 − 14 + 5 = ______ 4 · 84 = ______

300 − 49 = ______ 53 · 7 = ______

35 + 45 + 72 = ______ 200 − 45 − 67 = ______

**Meine Punkte:** ☐ / 33

# Test 14: Rechnen mit Größen

**1** **Wie viel Cent fehlen?** ☐ / 2

3,56 € + ______ ct = 4 €    4,28 € + ______ ct = 5 €

**2** **Wandle in cm um.** ☐ / 2

4 m 35 cm = ________ cm    6 m 4 cm = ________ cm

**3** **Schreibe als m mit Komma.** ☐ / 2

3 m 36 cm = ________ m    2 m 8 cm = ________ m

**4** **Addiere.** ☐ / 2

2,35 m + 56 cm = ________ m    4,71 m + 84 cm = ________ m

**5** **Subtrahiere.** ☐ / 2

5,75 m – 2,23 m = ________ m    7,12 m – 67 cm = ________ m

**6** **Ergänze zu 1 km.** ☐ / 2

420 m + ________ m = 1 km    538 m + ________ m = 1 km

**7** **Subtrahiere von 1 km.** ☐ / 2

1 km – 560 m = ________ m    1 km – 239 m = ________ m

**8** **Schreibe als km mit Komma auf.** ☐ / 2

2 760 m = __________ km    4 068 m = __________ km

## 9 Ergänze zu 1 h. /2

35 min + ______ min = 1 h    18 min + ______ min = 1 h

## 10 Wandle in h und min um. /2

145 min = ______ h ______ min    456 min = ______ h ______ min

## 11 Bestimme den Zeitpunkt. /2

10.45 Uhr + 2 h 23 min = ______ . ______ Uhr

11.56 Uhr + 1 h 42 min = ______ . ______ Uhr

## 12 Ergänze zu 1 l. /2

412 ml + ________ ml = 1 l    578 ml + ________ ml = 1 l

## 13 Ergänze zu 1 kg. /2

357 g + ________ g = 1 kg    672 g + ________ g = 1 kg

## 14 Schreibe als Kommazahl auf. /4

3 kg 300 g = __________ kg    2 kg 127 g = __________ kg

5 kg 85 g = __________ kg    4 kg 6 g = __________ kg

## 15 Subtrahiere von 1 kg. /3

1 kg – 400 g = ________ g    1 kg – 90 g = ________ g

1 kg – 36 g = ________ g

**Meine Punkte:** /33

# Test 15: Abschlusstest

**1** **Addiere im Kopf und notiere die Summen.** ☐ / 3

47 + 28 = ____ 27 + 36 = ____ 39 + 27 = ____

**2** **Subtrahiere im Kopf und notiere die Differenzen.** ☐ / 3

82 − 27 = ____ 95 − 49 = ____ 74 − 38 = ____

**3** **Notiere alle Ergebnisse.** ☐ / 3

26 → + 47 → ☐ → + 28 → ☐ → − 36 → ☐

**4** **Lea macht mit ihrer Freundin Laura eine Radwanderung.**
**Am Morgen fahren sie 59 km und am Nachmittag nochmals 46 km.**
**Wie viele Kilometer sind sie insgesamt gefahren?** ☐ / 1

Sie sind insgesamt ______ km gefahren.

**5** **Tim hat auf seinem Sparkonto 92 €. Er hebt 10 € ab.**
**Wie viel Euro hat er noch auf seinem Konto?** ☐ / 1

Er hat noch ____ € auf seinem Konto.

**6** **Löse die Einmaleinssätze.** ☐ / 9

7 · 6 = ____ 8 · 3 = ____ 4 · 9 = ____

8 · 7 = ____ 6 · 8 = ____ 5 · 9 = ____

9 · 9 = ____ 8 · 4 = ____ 7 · 5 = ____

**7** **Ein Hochhaus hat 8 Stockwerke. Auf jedem Stockwerk gibt es 6 Wohnungen. Wie viele Wohnungen gibt es in diesem Hochhaus?** ☐ / 1

In diesem Hochhaus gibt es ____ Wohnungen.

## 8 Wie heißen die Ergebnisse?

/4

56 : 7 = ______ 63 : 9 = ______

42 : 6 = ______ 56 : 8 = ______

## 9 27 kg Nüsse werden gleichmäßig auf 9 Netze verteilt. Wie viel Kilogramm wiegt ein gefülltes Netz?

/1

Ein gefülltes Netz wiegt ______ kg.

## 10 Wie heißt der Vorgänger der Zahl 700?

/2

Der Vorgänger heißt ________.

**Wie heißt der Nachfolger der Zahl 299?**

Der Nachfolger heißt ________.

## 11 Addiere in zwei Rechenschritten.

/2

360 + 78 = ________ 540 + 87 = ________

## 12 Subtrahiere in zwei Rechenschritten.

/2

920 − 48 = ________ 640 − 95 = ________

## 13 Addiere schriftlich.

/3

| | | | | | |
|---|---|---|---|---|---|
| | | 2 | 6 | 7 | |
| | + | 5 | 7 | 4 | |
| | | | | | |
| | | | | | |

| | | | | | |
|---|---|---|---|---|---|
| | | 3 | 5 | 8 | |
| | + | 2 | 8 | 6 | |
| | | | | | |
| | | | | | |

| | | | | | |
|---|---|---|---|---|---|
| | | 4 | 3 | 9 | |
| | + | 3 | 8 | 4 | |
| | | | | | |
| | | | | | |

## 14 Subtrahiere schriftlich.

/3

| | | | | | |
|---|---|---|---|---|---|
| | | 9 | 2 | 3 | |
| | − | 4 | 7 | 6 | |
| | | | | | |
| | | | | | |

| | | | | | |
|---|---|---|---|---|---|
| | | 8 | 4 | 5 | |
| | − | 2 | 6 | 7 | |
| | | | | | |
| | | | | | |

| | | | | | |
|---|---|---|---|---|---|
| | | 7 | 2 | 6 | |
| | − | 1 | 5 | 9 | |
| | | | | | |
| | | | | | |

## 15 Fülle die Tabelle aus.

/ 6

| • | 17 | 19 | 14 | 12 | 16 | 18 |
|---|---|---|---|---|---|---|
| 8 | | | | | | |

## 16 Zerlege geschickt.

/ 3

396 → : 9 → ____

512 → : 8 → ____

456 → : 6 → ____

## 17 Kennst du dich in den Größen aus?

/ 6

7 € – 3,25 € = ____________ €

3 km – 465 m = ____________ km

1 l – 318 ml = ____________ ml

4 kg – 2,250 kg = ____________ kg

8.24 Uhr + 2 h 45 min = ______ . ______ Uhr

12.37 Uhr + 3 h 34 min = ______ . ______ Uhr

## 18 Löse die beiden Rechenrätsel.

/ 2

**Wenn ich meine Zahl halbiere, so erhalte ich 356.**

Meine Zahl heißt ________.

**Wenn ich meine Zahl verdreifache, so erhalte ich 96.**

Meine Zahl heißt ________.

**Meine Punkte:** ____ / 55

FiT FÜR DIE SCHULE

TESTS 3. Klasse

mit Lernzielkontrolle

# Textaufgaben

von Werner Zenker

# Textaufgaben 3. Klasse

# Test 1: Addition und Subtraktion bis 100

**1** **Rechne die Ergebnisse aus.** ☐ / 8

34 + 25 = ______    17 + 65 = ______

96 − 54 = ______    73 − 47 = ______

18 + ______ = 37    86 − ______ = 53

100 = 62 + ______    16 = 100 − ______

→ Schreibe die Rechnungen zu den folgenden Aufgaben auf ein Extrablatt.

**2** **In einer Schulklasse sind 14 Jungen und 13 Mädchen.** ☐ / 2

**Frage:** Wie viele Kinder sind das zusammen?

**Antwort:** In der Klasse sind ______ Kinder.

**3** **Tim hat 47 € gespart. Er gibt 16 € auf der Kirmes aus.** ☐ / 2

**Frage:** Wie viel Euro hat Tim dann noch?

**Antwort:** Tim hat noch ______ €.

**4** **Der Schulbus hat 55 Plätze. 39 Plätze sind schon besetzt.** ☐ / 2

**Frage:** Wie viele Plätze sind noch frei?

**Antwort:** Es sind noch ______ Plätze frei.

**5** **Der Sportverein kauft neue Bälle – 19 Fußbälle und 24 Handbälle.** ☐ / 3

**Frage:** ______________________________________________

**Antwort:** ______________________________________________

**6** Marie kauft eine neue Schultasche für 58 €.
Sie bezahlt mit einem 100-Euro-Schein. ☐ / 3

Frage: ____________________

Antwort: ____________________

**7** Bis zu Oma sind es mit dem Fahrrad genau 42 km.
Karin und Luzie sind schon 27 km gefahren. ☐ / 3

Frage: ____________________

Antwort: ____________________

**8** Jan hat 93 Muscheln gesammelt. Leider hat die Tüte ein Loch.
Er stellt zu Hause fest, dass er nur noch 27 Muscheln hat. ☐ / 3

Frage: ____________________

Antwort: ____________________

**9** Vor einem Jahr besaß Moritz 46 Fußballkarten.
Jetzt hat er genau doppelt so viele. ☐ / 3

Frage: ____________________

Antwort: ____________________

**10** Auf dem Parkplatz vor dem Supermarkt stehen 58 Autos.
In der nächsten halben Stunde kommen noch 27 Autos dazu.
35 Autos fahren aber wieder weg. ☐ / 4

Frage: ____________________

Antwort: ____________________

**Meine Punkte:** ☐ / 33

# Test 2: Multiplikation und Division mit 2, 5 und 10

**1** **Rechne die Ergebnisse aus.** ___ / 6

6 · 5 = ______     7 · 2 = ______     3 · 10 = ______

______ · 2 = 16     ______ · 5 = 35     ______ · 10 = 80

**2** **Berechne auch diese Ergebnisse.** ___ / 6

12 : 2 = ______     15 : 5 = ______     70 : 10 = ______

25 : ______ = 5     60 : ______ = 10     5 · ______ = 45

→ **Schreibe die Rechnungen zu den folgenden Aufgaben auf ein Extrablatt.**

**3** **Die Lehrerin kopiert für 4 Kinder jeweils 5 Arbeitsblätter.** ___ / 2

**Frage:** Wie viele Arbeitsblätter kopiert die Lehrerin?

**Antwort:** Sie kopiert ______ Arbeitsblätter.

**4** **14 Kinder sitzen im Auto-Karussell. In jedem Wagen sitzen 2 Kinder.** ___ / 2

**Frage:** Wie viele Wagen des Karussells sind besetzt?

**Antwort:** ______ Wagen sind besetzt.

**5** **Daniel verteilt 30 Bonbons gleichmäßig an 5 Freunde.** ___ / 2

**Frage:** Wie viele Bonbons bekommt jeder Freund?

**Antwort:** Jeder Freund bekommt ______ Bonbons.

**6** **Merle kauft für ihren Geburtstag 7 Packungen Schokoküsse.**
**In jeder Packung befinden sich 10 Stück.** ___ / 2

**Frage:** Wie viele Schokoküsse kauft Merle insgesamt?

**Antwort:** Merle kauft ______ Schokoküsse.

**7** Alex kauft 7 Spielzeug-Dinos. Jeder Dino kostet 2 €. ☐ / 3

Frage: ______________________________

Antwort: ______________________________

**8** Ulla wiegt 38 kg. Ihr Bruder ist genau halb so schwer. ☐ / 3

Frage: ______________________________

Antwort: ______________________________

**9** Für das Klassenfest blasen 8 Kinder jeweils 10 Luftballons auf. ☐ / 3

Frage: ______________________________

Antwort: ______________________________

**10** Im Kasper-Theater stehen 9 Holzbänke. Auf jeder Bank sitzen 5 Kinder. Außerdem stehen noch 12 Kinder während der Vorstellung. ☐ / 4

Frage: ______________________________

Antwort: ______________________________

**Meine Punkte:** ☐ / 33

# Test 3: Multiplikation und Division bis 100

## 1 Rechne die Ergebnisse aus.

__ / 6

$7 \cdot 3 =$ ______ $6 \cdot 9 =$ ______ $8 \cdot 8 =$ ______

$3 \cdot$ ______ $= 27$ $8 \cdot$ ______ $= 48$ $7 \cdot$ ______ $= 49$

## 2 Berechne auch diese Ergebnisse.

__ / 6

$24 : 8 =$ ______ $36 : 4 =$ ______ $42 : 7 =$ ______

$36 :$ ______ $= 6$ $14 :$ ______ $= 2$ $9 :$ ______ $= 9$

→ Schreibe die Rechnungen zu den folgenden Aufgaben auf ein Extrablatt.

## 3 Frau Schulte kauft 3 Packungen Eier. In jeder Packung sind 6 Eier.

__ / 2

**Frage:** Wie viele Eier sind das zusammen?

**Antwort:** Es sind zusammen ______ Eier.

## 4 Tom fährt am liebsten Riesenrad. Eine Fahrt kostet 7 €.

__ / 2

**Frage:** Wie oft kann Tom für 28 € Riesenrad fahren?

**Antwort:** Tom kann ______ -mal Riesenrad fahren.

## 5 Eine Woche hat 7 Tage. Lisa hat in genau 6 Wochen Geburtstag.

__ / 2

**Frage:** In wie vielen Tagen hat Lisa Geburtstag?

**Antwort:** Lisa hat in ______ Tagen Geburtstag.

**6** **Kevin sagt: „Ich denke mir eine Zahl. Wenn ich sie durch 3 teile, erhalte ich 9."** /2

**Frage:** Wie heißt die Zahl, die Kevin sich denkt?

**Antwort:** Kevins Zahl heißt _____.

**7** **Sofie ist 9 Jahre alt. Ihr Vater ist 5-mal so alt wie Sofie.** /3

**Frage:** ______________________________

**Antwort:** ______________________________

**8** **Lisa zählt im Zoogeschäft 20 Hamster. Sie sind in 4 Käfigen untergebracht. In jedem Käfig befinden sich gleich viele Hamster.** /3

**Frage:** ______________________________

**Antwort:** ______________________________

**9** **Im Supermarkt stehen 10 Gläser mit jeweils 8 Würstchen im Regal.** /3

**Frage:** ______________________________

**Antwort:** ______________________________

**10** **Ben, Felix und Paula angeln. Sie fangen zusammen 15 Fische. Jeder von ihnen hat gleich viele Fische gefangen.** /4

**Frage:** ______________________________

**Antwort:** ______________________________

**Meine Punkte:** /33

# Test 4: Division mit und ohne Rest bis 100

**1** **Rechne die Ergebnisse aus.** ☐ / 4

36 : 6 = ______ 39 : 6 = ______ Rest ______

45 : 9 = ______ 51 : 9 = ______ Rest ______

**2** **Überlege, ob du glatt teilen kannst oder ob ein Rest bleibt.** ☐ / 4

17 : 2 = ______ Rest ______

54 : 7 = ______ Rest ______

75 : 8 = ______ Rest ______

28 : 7 = ______ Rest ______

**→ Schreibe die Rechnungen zu den folgenden Aufgaben auf ein Extrablatt.**

**3** **Markus hat 35 € und möchte sich damit ein paar T-Shirts kaufen. Ein T-Shirt kostet 8 €.** ☐ / 2

**Frage:** Wie viele T-Shirts kann Markus kaufen?

**Antwort:** Er kann ______ T-Shirts kaufen.

**4** **Karina verteilt 14 Lollis an ihre 3 Freundinnen, und zwar so, dass jede Freundin gleich viele Lollis bekommt.** ☐ / 2

**Frage:** Wie viele Lollis bleiben für Karina übrig?

**Antwort:** Für Karina bleiben ______ Lollis übrig.

**5** **Oma besitzt 50 Handtücher. In jedem Wäschefach liegen 8 Handtücher. Die übrigen hängen an den Haken.** ☐ / 2

**Frage:** Wie viele Handtücher hängen an den Haken?

**Antwort:** An den Haken hängen ______ Handtücher.

**6** **Eine Packung Salami enthält 22 Scheiben. Eva möchte so viele Brötchen wie möglich belegen. Sie belegt jedes Brötchen mit 4 Scheiben Wurst.** ☐ / 2

**Frage:** Wie viele Brötchen belegt Eva?

**Antwort:** Eva belegt ______ Brötchen.

**7** **In der Packung im Gefrierschrank befinden sich 30 Eis am Stiel. Timo, René und Jochen essen jeder täglich 1 Eis.** ☐ / 3

**Frage:** Wann ist die Packung leer?

**Antwort:** Die Packung ist in ______ Tagen leer.

**8** **Eine Schulklasse mit 27 Personen will auf einem See Tretboot fahren. Ein Boot hat jeweils 4 Sitze.** ☐ / 3

**Frage:** Wie viele Boote muss die Klasse mindestens mieten?

**Antwort:** Sie muss mindestens ______ Boote mieten.

**Meine Punkte:** ☐ / 22

# Test 5: Gemischtes Rechnen bis 100

**1** **Rechne die Ergebnisse aus.** ☐ / 8

59 + 37 = ______ 98 − 23 = ______

7 · 5 = ______ 36 : 9 = ______

19 + ______ = 44 85 − ______ = 51

3 · ______ = 21 72 : ______ = 8

→ **Schreibe die Rechnungen zu den folgenden Aufgaben auf ein Extrablatt.**

**2** **Hanna sammelt Katzenbilder. Sie besitzt schon 49 Stück und bekommt 19 neue Bilder geschenkt.** ☐ / 2

**Frage:** Wie viele Bilder sind das zusammen?

**Antwort:** Es sind zusammen ______ Bilder.

**3** **Die Lehrerin sagt: „In genau 63 Tagen beginnen die Ferien. Ihr wisst: Eine Woche hat 7 Tage."** ☐ / 2

**Frage:** In wie vielen Wochen beginnen die Ferien?

**Antwort:** Die Ferien beginnen in ______ Wochen.

**4** **Eine Spinne hat 8 Beine.** ☐ / 2

**Frage:** Wie viele Beine haben 7 Spinnen?

**Antwort:** 7 Spinnen haben ______ Beine.

**5** **Gestern waren 86 Gäste in der Jugendherberge. Heute sind es nur noch 53.** ☐ / 2

**Frage:** Wie viele Gäste sind abgereist?

**Antwort:** ______ Gäste sind abgereist.

**6** Nicos Mutter arbeitet täglich 6 Stunden im Büro. In dieser Woche hat sie an 4 Tagen gearbeitet. ☐ / 3

Frage: ______________________________

Antwort: ______________________________

**7** Nils besitzt 54 Bücher. Genau die Hälfte davon hat er von seinem Opa geschenkt bekommen. ☐ / 3

Frage: ______________________________

Antwort: ______________________________

**8** Im Zirkuszelt sitzen in der Nachmittagsvorstellung 72 Kinder und 27 Erwachsene. ☐ / 3

Frage: ______________________________

Antwort: ______________________________

**9** Frau Paulsen kauft Lebensmittel für 63 € ein. Sie bezahlt mit zwei 50-Euro-Scheinen. ☐ / 4

Frage: ______________________________

Antwort: ______________________________

**10** Familie Fischer will mit 5 Personen Achterbahn fahren. Die Fahrt kostet pro Person 7 €. Herr Fischer bezahlt für alle mit einem 50-Euro-Schein. ☐ / 4

Frage: ______________________________

Antwort: ______________________________

**Meine Punkte:** ☐ / 33

# Test 6: Addition und Subtraktion bis 1000

**1** **Rechne die Ergebnisse aus.** ☐ / 6

320 + 70 = ________ 630 + 90 = ________

410 + 260 = ________ 740 + 170 = ________

580 + ________ = 690 250 + ________ =1 000

**2** **Berechne auch diese Ergebnisse.** ☐ / 6

300 – 90 = ________ 730 – 60 = ________

680 – 370 = ________ 360 – 280 = ________

1 000 – ________ = 720 930 – ________ = 550

**→ Schreibe die Rechnungen zu den folgenden Aufgaben auf ein Extrablatt.**

**3** **Luisa findet einen Geldbeutel. Darin befinden sich ein 200-Euro-Schein und ein 50-Euro-Schein.** ☐ / 2

**Frage:** Wie viel Euro hat Luisa gefunden?

**Antwort:** Luisa hat ________ € gefunden.

**4** **Frau Olsen ist mit ihrem Auto zuerst 320 km und dann 240 km gefahren.** ☐ / 2

**Frage:** Wie viel Kilometer ist Frau Olsen insgesamt gefahren?

**Antwort:** Frau Olsen ist ________ km gefahren.

**5** **Unter den 590 Besuchern des Fußballspiels sind genau 280 Frauen.** ☐ / 2

**Frage:** Wie viele Männer schauen sich das Fußballspiel an?

**Antwort:** Es sind ________ Männer.

**6** **Herr Hörbel muss eine 510 km lange Strecke mit dem Auto fahren. 230 km vor dem Ziel hat das Auto einen Motorschaden.** ☐ / 2

**Frage:** Nach wie viel Kilometern hat das Auto einen Motorschaden?

**Antwort:** Nach ______ km hat es einen Motorschaden.

**7** **Jasmin sieht sich die Preisschilder im Schaufenster der Elektrohandlung an. Ein Fernseher kostet 400 €. Die Waschmaschine daneben kostet genau das Doppelte.** ☐ / 3

**Frage:** ____________________

**Antwort:** ____________________

**8** **Der Eisbär im Zoo wiegt 590 kg. Die Giraffe wiegt 250 kg mehr.** ☐ / 3

**Frage:** ____________________

**Antwort:** ____________________

**9** **Frau Martens kauft ein Fahrrad zum Preis von 380 €. Sie bezahlt mit einem 500-Euro-Schein.** ☐ / 3

**Frage:** ____________________

**Antwort:** ____________________

**10** **Die Miete für ein Ferienhaus kostet 420 € für eine Woche. Familie Wagner erhält ein Sonderangebot: Wenn sie das Haus für 2 Wochen mietet, bezahlt sie insgesamt 30 € weniger.** ☐ / 4

**Frage:** ____________________

**Antwort:** ____________________

**Meine Punkte:** ☐ / 33

# Test 7: Multiplikation und Division (Einer- und Zehnerzahlen)

**1** **Rechne die Ergebnisse aus.** ___ / 6

6 · 50 = ______  7 · 20 = ______

4 · 70 = ______  180 = ______ · 90

720 = ______ · 80  1 000 = ______ · 10

**2** **Berechne auch diese Ergebnisse.** ___ / 6

240 : 3 = ______  450 : 5 = ______

280 : 7 = ______  1 000 : ______ = 100

360 : ______ = 90  420 : ______ = 70

→ **Schreibe die Rechnungen zu den folgenden Aufgaben auf ein Extrablatt.**

**3** **Ein Karussell war 5-mal hintereinander mit genau 30 Kindern voll besetzt.** ___ / 2

**Frage:** Wie viele Kinder sind dabei Karussell gefahren?

**Antwort:** ______ Kinder sind mit dem Karussell gefahren.

**4** **Frau Mölder fährt Motorrad. Sie schafft in einer Stunde 90 km.** ___ / 2

**Frage:** Wie weit kommt sie in 4 Stunden?

**Antwort:** In 4 Stunden kommt sie ______ km weit.

**5** **Eine Stunde hat genau 60 Minuten.** ___ / 2

**Frage:** Wie viel Minuten sind nach 7 Stunden vergangen?

**Antwort:** 7 Stunden sind genau ______ Minuten.

**6** **Ein kleiner Zirkus wurde von 450 Zuschauern in 5 Tagen besucht. Die Vorstellungen waren immer ausverkauft.** ☐ / 2

**Frage:** Wie viele Zuschauer waren es täglich?

**Antwort:** Es waren täglich _____ Zuschauer.

**7** **Alle Schüler und Lehrer einer Schule machen einen Ausflug. 7 Busse sind mit jeweils 50 Personen besetzt.** ☐ / 3

**Frage:** ______________________________

**Antwort:** ______________________________

**8** **Nellie sagt: „Ich denke mir eine Zahl. Wenn ich sie mit 8 malnehme, erhalte ich 320."** ☐ / 3

**Frage:** ______________________________

**Antwort:** ______________________________

**9** **Herr Rütter verkauft sein altes Fahrrad. Er erhält dafür 140 € und schenkt jedem seiner beiden Kinder genau die Hälfte dieses Betrags.** ☐ / 3

**Frage:** ______________________________

**Antwort:** ______________________________

**10** **Im Zoo leben 2 Elefanten. Ein Elefant frisst täglich 40 kg Heu. Der Tierwärter bestellt so viel Heu, dass es für 7 Tage reicht.** ☐ / 4

**Frage:** ______________________________

**Antwort:** ______________________________

**Meine Punkte:** ☐ / 33

# Test 8: Multiplikation und Division (Zehnerzahlen)

**1** **Rechne die Ergebnisse aus.** ☐ / 6

$30 \cdot 20 =$ ______   $20 \cdot 50 =$ ______

$10 \cdot 80 =$ ______   $40 \cdot$ ______ $= 800$

$100 \cdot$ ______ $= 1000$   $30 \cdot$ ______ $= 900$

**2** **Berechne auch diese Ergebnisse.** ☐ / 6

$640 : 80 =$ ______   $270 : 30 =$ ______   $480 : 60 =$ ______

$810 :$ ______ $= 9$   $490 :$ ______ $= 7$   $160 :$ ______ $= 4$

→ **Schreibe die Rechnungen zu den folgenden Aufgaben auf ein Extrablatt.**

**3** **Ein Lastwagen ist mit Kisten beladen. Die gesamte Ladung ist 420 kg schwer. Jede einzelne Kiste wiegt 70 kg.** ☐ / 2

**Frage:** Wie viele Kisten hat der Lastwagen geladen?

**Antwort:** Der Lastwagen hat ______ Kisten geladen.

**4** **Ein Freizeitpark feiert Eröffnung und verspricht: „Die ersten 30 Besucher erhalten einen Gutschein im Wert von 30 €."** ☐ / 2

**Frage:** Wie viel sind die verteilten Gutscheine insgesamt wert?

**Antwort:** Die Gutscheine sind insgesamt ______ € wert.

**5** **Herr Cox fährt zu seiner Arbeitsstelle 40 km insgesamt hin und zurück. Im letzten Monat hat Herr Cox an 20 Tagen gearbeitet.** ☐ / 2

**Frage:** Wie viel Kilometer ist Herr Cox im letzten Monat zur Arbeit hin- und zurückgefahren?

**Antwort:** Herr Cox ist ______ km gefahren.

**6** **Ein Fliesenleger verlegt 20 Reihen mit jeweils 20 Fliesen.** ☐ / 2

**Frage:** Wie viele Fliesen werden verlegt?

**Antwort:** Es werden ________ Fliesen verlegt.

**7** **Herr Uffelt hebt 450 € von seinem Konto ab. Er lässt sich den Betrag in 50-Euro-Scheinen auszahlen.** ☐ / 3

**Frage:** ______________________________

**Antwort:** ______________________________

**8** **Eine Fähre kann maximal 30 Personen befördern. Eine große Reisegruppe möchte mit 150 Personen über den Fluss.** ☐ / 3

**Frage:** ______________________________

**Antwort:** ______________________________

**9** **Frau Urban hat für einige Tage ein Leihauto gemietet. Sie bezahlt insgesamt 540 €. Die Miete für einen Tag beträgt 60 €.** ☐ / 3

**Frage:** ______________________________

**Antwort:** ______________________________

**10** **Opa lädt zu seinem siebzigsten Geburtstag 30 Personen in ein Gasthaus ein. Das Essen kostet pro Person 20 €. Außerdem entstehen 245 € Kosten für die Getränke.** ☐ / 4

**Frage:** ______________________________

**Antwort:** ______________________________

**Meine Punkte:** ☐ / 33

# Test 9: Schriftliche Addition und Subtraktion

**1** **Rechne die Ergebnisse aus.** ☐ / 6

| | | | | | |
|---|---|---|---|---|---|
| | | 4 | 2 | 3 | |
| | + | 2 | 7 | 5 | |
| | | | | | |
| | | | | | |

| | | | | | |
|---|---|---|---|---|---|
| | | 3 | 8 | 1 | |
| | + | 5 | 0 | 3 | |
| | | | | | |
| | | | | | |

| | | | | | |
|---|---|---|---|---|---|
| | | 2 | 1 | 9 | |
| | + | 7 | 5 | 3 | |
| | | | | | |
| | | | | | |

| | | | | | |
|---|---|---|---|---|---|
| | | 6 | 3 | 7 | |
| | + | 2 | 6 | 4 | |
| | | | | | |
| | | | | | |

| | | | | | |
|---|---|---|---|---|---|
| | | 1 | 4 | 9 | |
| | | | 2 | 2 | |
| | + | 3 | 0 | 6 | |
| | | | | | |
| | | | | | |

| | | | | | |
|---|---|---|---|---|---|
| | | 3 | 4 | 7 | |
| | | 1 | 2 | 6 | |
| | + | 4 | 1 | 1 | |
| | | | | | |
| | | | | | |

**2** **Berechne auch diese Ergebnisse.** ☐ / 6

| | | | | | |
|---|---|---|---|---|---|
| | | 8 | 4 | 7 | |
| | − | 3 | 1 | 5 | |
| | | | | | |
| | | | | | |

| | | | | | |
|---|---|---|---|---|---|
| | | 6 | 3 | 9 | |
| | − | 2 | 2 | 6 | |
| | | | | | |
| | | | | | |

| | | | | | |
|---|---|---|---|---|---|
| | | 9 | 9 | 3 | |
| | − | 4 | 4 | 9 | |
| | | | | | |
| | | | | | |

| | | | | | |
|---|---|---|---|---|---|
| | | 5 | 2 | 8 | |
| | − | | 8 | 4 | |
| | | | | | |
| | | | | | |

| | | | | | |
|---|---|---|---|---|---|
| | | 8 | 6 | 4 | |
| | − | 5 | 8 | 8 | |
| | | | | | |
| | | | | | |

| | | | | | |
|---|---|---|---|---|---|
| | | 7 | 3 | 0 | |
| | − | 3 | 2 | 8 | |
| | | | | | |
| | | | | | |

→ **Schreibe die Rechnungen zu den folgenden Aufgaben auf ein Extrablatt.**

**3** **Eine Schule hat 312 Schüler. 157 davon sind Mädchen.** ☐ / 2

**Frage:** Wie viele Jungen sind auf der Schule?

**Antwort:** Auf der Schule sind ________ Jungen.

**4** **Emma will im Zoo die Robben besuchen. Vom Eingang bis zu den Löwen muss sie 185 m laufen. Von dort bis zu den Robben sind es noch einmal 245 m.** ☐ / 2

**Frage:** Wie viel Meter muss Emma vom Eingang bis zu den Robben laufen?

**Antwort:** Emma muss ________ m laufen.

**5** **Beim Wettfliegen sind 344 Tauben gestartet. Wegen des schlechten Wetters kommen nur 281 Tauben an ihrem Ziel an.** ☐ / 2

**Frage:** Wie viele Tauben haben sich verflogen?

**Antwort:** ______ Tauben haben sich verflogen.

**6** **Anna pflückt 127 Äpfel, Lea pflückt 289 und Erik pflückt 232 Äpfel.** ☐ / 2

**Frage:** Wie viele Äpfel sind das zusammen?

**Antwort:** Es sind zusammen ________ Äpfel.

**7** **Familie Hendricks fährt in den Urlaub. Am ersten Tag fahren sie 358 km, am nächsten Tag müssen sie noch 509 km fahren.** ☐ / 3

**Frage:** ____________________________________________

**Antwort:** ____________________________________________

**8** **Das Stadttheater hat 870 Sitzplätze. Beim Konzert gestern waren 559 Plätze frei.** ☐ / 3

**Frage:** ____________________________________________

**Antwort:** ____________________________________________

**9** **Luis sagt: „Ich denke mir eine Zahl. Wenn ich 377 abziehe, erhalte ich 196."** ☐ / 3

**Frage:** ____________________________________________

**Antwort:** ____________________________________________

**10** **Der Vater kauft für die Zwillinge Paul und Lilli 2 gleiche Fahrräder. Jedes Rad kostet 239 €. Der Vater bezahlt mit einem 500-Euro-Schein.** ☐ / 4

**Frage:** ____________________________________________

**Antwort:** ____________________________________________

**Meine Punkte:** ☐ / 33

# Test 10: Halbschriftliche Multiplikation und Division

## 1

**Schreibe beim Lösen die Zwischenergebnisse auf.** ☐ / 4

4 · 36 = ______ + ______ = ______

6 · 55 = ______ + ______ = ______

3 · 83 = ______ + ______ = ______

9 · 27 = ______ + ______ = ______

## 2

**Zerlege in günstige Aufgaben.** ☐ / 4

| | |
|---|---|
| 65 : 5 = ______ | 98 : 7 = ______ |
| ______ : 5 = ______ | ______ : 7 = ______ |
| ______ : 5 = ______ | ______ : 7 = ______ |
| 279 : 9 = ______ | 558 : 6 = ______ |
| ______ : 9 = ______ | ______ : 6 = ______ |
| ______ : 9 = ______ | ______ : 6 = ______ |

→ **Schreibe die Rechnungen zu den folgenden Aufgaben auf ein Extrablatt.**

## 3

**Bei einem Ausflug kauft die Lehrerin für ihre Klasse Waffeln und Limonade. Für jedes Kind gibt sie dabei 6 € aus. Insgesamt bezahlt sie 156 €.** ☐ / 2

**Frage:** Wie viele Schüler sind in ihrer Klasse?

**Antwort:** In der Klasse sind ______ Schüler.

## 4

**Ein Autofahrer legt in einer Stunde 95 km zurück.** ☐ / 2

**Frage:** Wie viel Kilometer hat er nach 5 Stunden geschafft, wenn er immer gleich schnell fährt?

**Antwort:** Nach 5 Stunden hat er ______ km geschafft.

**5** In einer Pizzeria werden an einem Abend 23 Pizzas für 8 € verkauft. ☐ / 3

Frage: ______________________________

Antwort: ______________________________

**6** Der Tierwärter verteilt 84 Fische an 6 Robben so, dass jede Robbe gleich viele Fische bekommt. ☐ / 3

Frage: ______________________________

Antwort: ______________________________

**7** Ida hat auf jedem ihrer 4 Regalbretter 21 Bücher. Nun will sie die Bücher gleichmäßig auf 3 Bretter verteilen. ☐ / 4

Frage: ______________________________

Antwort: ______________________________

Meine Punkte: ☐ / 22

# Test 11: Gemischtes Rechnen bis 1 000

**1** **Rechne die Ergebnisse aus.** ☐ / 9

| | | | | |
|---|---|---|---|---|
| | 4 | 2 | 8 | |
| + | 3 | 9 | 2 | |
| | | | | |

| | | | | |
|---|---|---|---|---|
| | 6 | 7 | 3 | |
| – | 2 | 8 | 1 | |
| | | | | |

| | | | | |
|---|---|---|---|---|
| | 2 | 2 | 3 | |
| | 3 | 1 | 2 | |
| + | 4 | 5 | 7 | |
| | | | | |

301 : 7 = ______ 648 : 9 = ______ 332 : 4 = ______

______ : 7 = ______ ______ : 9 = ______ ______ : 4 = ______

______ : 7 = ______ ______ : 9 = ______ ______ : 4 = ______

67 · 4 = ______ + ______ = ______

53 · 8 = ______ + ______ = ______

95 · 7 = ______ + ______ = ______

→ **Schreibe die Rechnungen zu den folgenden Aufgaben auf ein Extrablatt.**

**2** **Beim Start in den Urlaub zeigt der Kilometerzähler des Autos 87 km an. Als Familie Hofer am Ziel ankommt, steht der Zähler auf 613 km.** ☐ / 2

**Frage:** Wie viel Kilometer ist Familie Hofer gefahren?

**Antwort:** Familie Hofer ist ______ km gefahren.

**3** **Für das Sommerfest kauft der Sportverein 200 Flaschen Limonade ein. Eine Kiste enthält jeweils 8 Flaschen.** ☐ / 2

**Frage:** Wie viele Kisten wurden besorgt?

**Antwort:** Es wurden ______ Kisten besorgt.

**4** In einem Flugzeug befinden sich 38 Sitzreihen mit jeweils 6 Plätzen. ☐ / 3

Frage: ______________________________

Antwort: ______________________________

**5** Ein großer Zirkus hatte am Nachmittag 429 Zuschauer. Am Abend kamen 526 Zuschauer zur Vorstellung. ☐ / 3

Frage: ______________________________

Antwort: ______________________________

**6** Eine Übernachtung im Hotel kostet 63 €. Herr Karlsen übernachtet 8-mal. ☐ / 3

Frage: ______________________________

Antwort: ______________________________

**7** Die dritten Klassen der Grundschule gehen gemeinsam ins Kino. Das Eintrittsgeld beträgt 6 € und wurde vorher eingesammelt. Nun bezahlt eine Lehrerin gemeinsam für alle 87 Personen an der Kasse. ☐ / 3

Frage: ______________________________

Antwort: ______________________________

**8** Die Miete einer Ferienwohnung beträgt 70 € am Tag. Eine Gruppe von 5 Personen wohnt 7 Tage lang darin. Sie teilen sich die Kosten gleichmäßig. ☐ / 4

Frage: ______________________________

Antwort: ______________________________

**9** Sonja wiegt 35 kg. Ihr Vater ist 88 kg schwer. Bei ihrer Mutter zeigt die Waage genau 64 kg. Sonja stellt fest: „Mit unserem Hund wiegen wir alle zusammen genau 200 kg.“ ☐ / 4

Frage: ______________________________

Antwort: ______________________________

Meine Punkte: ☐ / 33

# Test 12: Rechnen mit Euro und Cent

**1** **Rechne die Ergebnisse aus.** ☐ / 4

6,48 € + ______ ct = 7,00 €  5,13 € + ______ ct = 6,00 €

2,56 € − ______ ct = 2,05 €  6,98 € − ______ ct = 6,23 €

**2** **Schreibe in Kommaschreibweise untereinander und rechne das Ergebnis aus.** ☐ / 8

89 ct + 4,73 €

14,53 € + 736 ct

826 ct − 2,55 €

37,29 € − 85 ct

→ **Schreibe die Rechnungen zu den folgenden Aufgaben auf ein Extrablatt.**

**3** **Kiara kauft Schulmaterial für 16,35 €. Sie bezahlt mit einem 20-Euro-Schein.** ☐ / 2

**Frage:** Wie viel Euro bekommt sie zurück?

**Antwort:** Sie bekommt ________ € zurück.

**4** **Frau Benz kauft sich 2 gleiche Pullover. Ein Pullover kostet 34,85 €.** ☐ / 2

**Frage:** Wie viel Euro muss sie bezahlen?

**Antwort:** Frau Benz muss ___________ € bezahlen.

**5** **Petra hat Geld verloren. Heute Morgen waren noch 7,28 € in ihrem Geldbeutel, nun sind es 3,62 €.** ☐ / 2

**Frage:** Wie viel Euro hat Petra verloren?

**Antwort:** Sie hat ________ € verloren.

**6** **Lydia hat 17,32 € gespart. Ihr Vater möchte ihr so viel schenken, dass sie genau 20 € hat.** ☐ / 3

**Frage:** ______________________________

**Antwort:** ______________________________

**7** **Elli kauft ein Fahrrad für 179,95 €, einen Tacho für 11,80 € und ein Schloss für 7,79 €.** ☐ / 3

**Frage:** ______________________________

**Antwort:** ______________________________

**8** **Jannick besitzt zwei Spardosen. In der einen Dose befinden sich 14,35 €, in der anderen hat er 237 einzelne 1-Cent-Stücke gesammelt.** ☐ / 4

**Frage:** ______________________________

**Antwort:** ______________________________

**9** **Nina kauft sich eine Bratwurst für 3,15 € und eine Limonade für 1,75 €. Sie gibt dem Verkäufer drei 2-Euro-Münzen.** ☐ / 5

**Frage:** ______________________________

**Antwort:** ______________________________

**Meine Punkte:** ☐ / 33

# Test 13: Rechnen mit Meter und Zentimeter

**1** **Wandle um in Meter.** ☐ / 4

3 m 47 cm = ________ m    8 m 3 cm = ________ m

5 m 63 cm = ________ m    2 m 9 cm = ________ m

**2** **Schreibe in Kommaschreibweise untereinander und rechne das Ergebnis in Metern aus.** ☐ / 8

2,46 m + 972 cm    5,88 m + 56 cm

7,62 m − 3,25 m    5,32 m − 67 cm

→ **Schreibe die Rechnungen zu den folgenden Aufgaben auf ein Extrablatt.**

**3** **Nina springt 2,87 m weit. Katarina springt 1,12 m weiter.** ☐ / 2

**Frage:** Wie weit springt Katarina?

**Antwort:** Sie springt ________ m.

**4** **Bei der Meisterschaft im Speerwerfen erreicht die Siegerin eine Weite von 69,23 m. Die zweitbeste Werferin hat 3,58 m weniger weit geworfen.** ☐ / 2

**Frage:** Wie weit war der zweitbeste Wurf?

**Antwort:** Der zweitbeste Wurf war ________ m weit.

**5** **Beim Weitspucken auf dem Schulfest spuckt Ira einen Kirschkern 3,76 m weit. Olga schafft es sogar 2,17 m weiter.** ☐ / 2

**Frage:** Wie weit hat Olga den Kirschkern gespuckt?

**Antwort:** Sie hat den Kirschkern ________ m weit gespuckt.

**6** **Eine Wand in Simons Zimmer ist 6,86 m breit. Die andere Wand ist genau halb so breit.** ☐ / 3

**Frage:** ______________________________

**Antwort:** ______________________________

**7** **Ein Bauarbeiter sägt von einer 2,40 m langen Holzlatte 85 cm ab.** ☐ / 4

**Frage:** ______________________________

**Antwort:** ______________________________

**8** **Tims kleiner Bruder ist 87 cm groß. Tims Vater ist genau doppelt so groß.** ☐ / 4

**Frage:** ______________________________

**Antwort:** ______________________________

**9** **Niklas will ein Stück Rasen für sein Kaninchen einzäunen. Dazu braucht er Maschendraht. Die beiden längeren Zaunseiten sollen jeweils 1,75 m lang, die beiden kürzeren Seiten jeweils 1,30 m lang werden.** ☐ / 4

**Frage:** ______________________________

**Antwort:** ______________________________

**Meine Punkte:** ☐ / 33

# Test 14: Rechnen mit Stunden und Minuten

**1** **Wandle um in Minuten.** ☐ / 4

5 h 55 min = ________ min　　10 h 48 min = ________ min

3 h 37 min = ________ min　　9 h 18 min = ________ min

**2** **Bestimme den Zeitpunkt.** ☐ / 4

14.23 Uhr —(+ 2 h 27 min)→ _____ . _____ Uhr

2.57 Uhr —(+ 3 h 10 min)→ _____ . _____ Uhr

9.28 Uhr —(+ 2 h 13 min)→ _____ . _____ Uhr

18.40 Uhr —(+ 4 h 55 min)→ _____ . _____ Uhr

→ **Schreibe die Rechnungen zu den folgenden Aufgaben auf ein Extrablatt.**

**3** **Emilys Wecker geht 18 Minuten nach. Er zeigt 7.15 Uhr.** ☐ / 2

**Frage:** Wie spät ist es wirklich?

**Antwort:** Es ist schon _____ . _____ Uhr.

**4** **Auf Lennarts Wecker ist es 21.05 Uhr. Er geht aber 25 Minuten vor.** ☐ / 2

**Frage:** Wie spät ist es wirklich?

**Antwort:** Es ist erst _____ . _____ Uhr.

**5** **Tobias fährt mit dem Zug um 15.12 Uhr zu seiner Oma und kommt um 17.36 Uhr an.** ☐ / 2

**Frage:** Wie lange fährt Tobias mit dem Zug?

**Antwort:** Tobias fährt _____ h _____ min.

**6** Lena und Niklas sind beide die gleiche Strecke mit dem Fahrrad gefahren. Lena sagt: „Ich habe 2 h 45 min gebraucht." Niklas meint: „Ich war 175 Minuten unterwegs."

/ 3

**Frage:** Wie viele Minuten war Niklas länger unterwegs?

**Antwort:** Niklas war ______ min länger unterwegs.

**7** Ein Maler arbeitet von 7.30 Uhr bis 16.15 Uhr.

/ 3

**Frage:** ____________________

**Antwort:** ____________________

**8** Der Sieger beim Marathonlauf kam nach 2 h 27 min ins Ziel. Fabians Vater brauchte genau doppelt so lange.

/ 3

**Frage:** ____________________

**Antwort:** ____________________

**9** Ein Zug hat 35 Minuten Verspätung. Er sollte um 10.37 Uhr im Bahnhof ankommen.

/ 3

**Frage:** ____________________

**Antwort:** ____________________

**10** Philipp brauchte für seine Hausaufgaben 1 h 50 min. Melina war nach der Hälfte der Zeit schon fertig.

/ 3

**Frage:** ____________________

**Antwort:** ____________________

**11** Herr Kruse arbeitet täglich 8 h 30 min im Büro und macht 1 Stunde Mittagspause. Für den Hinweg und den Rückweg braucht er jeweils 20 Minuten. Er fährt jeden Morgen um 6.40 Uhr los.

/ 4

**Frage:** Wann kommt Herr Kruse abends nach Hause?

**Antwort:** ____________________

**Meine Punkte:** / 33

# Test 15: Abschlusstest

→ Die Aufgaben dieses Tests sollen in 60 Minuten gelöst werden.
Schreibe die Rechnungen zu den folgenden Aufgaben auf ein Extrablatt.

**1** Zahnarzt Schön behandelt in einer Stunde 5 Patienten. Heute hatte er seine Praxis von 8.00 bis 12.00 Uhr geöffnet. ☐ / 4

Frage: ____________________

Antwort: ____________________

**2** Im Kino befinden sich 340 Sitzplätze. Am Mittwoch waren beide Vorstellungen voll besetzt. ☐ / 3

Frage: ____________________

Antwort: ____________________

**3** Lina kauft eine Hose für 48 €, einen Pullover für 57 € und eine Winterjacke für 89 €. Sie bezahlt mit einem 200-Euro-Schein. ☐ / 4

Frage: ____________________

Antwort: ____________________

**4** Lukas fährt nach dem Tanken mit seinem Moped immer so lange, bis der Tank leer ist, nämlich etwa 150 km. In diesem Monat hat er 6-mal getankt. ☐ / 3

Frage: ____________________

Antwort: ____________________

**5** Frau Berner bezahlt ein Fahrrad, das 600 € kostet, mit 3 gleichen Euro-Scheinen. ☐ / 3

Frage: ____________________

Antwort: ____________________

**6** „Bis zu unserem Urlaubsziel sind es genau 525 km“, meinte Vater vor der Fahrt. Es waren dann doch 56 km weniger. / 3

Frage: ______________________________

Antwort: ______________________________

**7** Julia, Max, Clara, Vater, Mutter, Tante Sonja und Onkel Lars fahren für eine Woche in ein Hotel. Für jede Person wird das 70 € kosten. / 4

Frage: ______________________________

Antwort: ______________________________

**8** Im Gasthaus „Zur Waldschenke“ gibt es heute ein Sonderangebot: Ein Menü für 6 Personen kostet 120 €. / 3

Frage: ______________________________

Antwort: ______________________________

**9** Die Einnahmen auf dem Trödelmarkt betrugen 340 €. Nina, Tim, Kristin und Jonas teilen das Geld gleichmäßig unter sich auf. / 4

Frage: ______________________________

Antwort: ______________________________

**10** Eine Reisegruppe mit 8 Personen möchte von Köln nach Berlin fliegen. Ein preiswerter Flug kostet pro Person 85 €. / 3

Frage: ______________________________

Antwort: ______________________________

**11** In der Achterbahn haben 48 Personen Platz. Sie war bei 7 Fahrten hintereinander voll besetzt. / 3

Frage: ______________________________

Antwort: ______________________________

**12** Tanja kauft einen Pullover für 27,85 € und bezahlt mit einem 50-Euro-Schein. ☐ / 3

Frage: ______________________________

Antwort: ______________________________

**13** Johann kauft Sachen für die Schule: Er bezahlt 6,25 € für Hefte, 3,85 € für Stifte und 80 ct für ein Lineal. ☐ / 4

Frage: ______________________________

Antwort: ______________________________

**14** Von einem Holzstab, der 2,25 m lang war, wurden drei 25 cm lange Stücke abgesägt. ☐ / 4

Frage: ______________________________

Antwort: ______________________________

**15** Frau Jansens Arbeitszeit im Büro beginnt um 8.15 Uhr. Weil ihr Bus eine Panne hatte, kommt sie heute 48 Minuten zu spät. ☐ / 3

Frage: ______________________________

Antwort: ______________________________

**16** Bea fährt mit ihrer Mutter zur Oma nach Nürnberg. Der Zug fährt um 14.17 Uhr ab. Die beiden kommen genau 2 h 20 min später in Nürnberg an. ☐ / 4

Frage: ______________________________

Antwort: ______________________________

**Meine Punkte:** ☐ / 55

# Lösungen Deutsch

**Test 1**

1 Ahorn, Birke, Buche, Eiche, Erle, Fichte, Kiefer, Tanne, Ulme 2 Herd, Kühlschrank, <u>Sofa</u>, Teller, Besteck, Tasse, Topf 3 Birne, Apfel, Kirsche, Orange, Pfirsich 4 Besen, Eimer, Teppich, Schale, Topf, Sofa 5 die Hand, der Kopf, das Bein, der Fuß, das Knie, der Rumpf, das Gelenk, die Wade 6 ein Lineal, ein Bilderbuch, eine Mappe, ein Würfel, eine Karte, ein Spiel, ein Stift, eine Tüte, ein Glas 7 der Farbkasten, die Küchentür, das Springseil, der Briefkasten, die Rollschuhe, das Fensterglas 8 der Tennisball, die Ballkleider, der Kleiderschrank, die Schranktür, das Türschloss, der Schlossgarten, das Gartenhaus, das Haustier, der Tierpark, die Parkbank 9 der Sattel, die Klingel, der (die) Reifen, die Lampe, die Lenkstange, die Luftpumpe

**Test 2**

1 der Tisch, die Tische; die Lampe, die Lampen; das Heft, die Hefte; die Tanne, die Tannen; der Fisch, die Fische; die Klasse, die Klassen; das Tor, die Tore 2 Laus, Läuse; Maus, Mäuse; Haus, Häuser; Baum, Bäume; Dach, Dächer; Fach, Fächer; Hals, Hälse; Damm, Dämme 3 Mut, Treue, Mist, Furcht, Glück, Wetter, Schnee, Obst, Dank 4 Zeiger, Kuchen, Messer, Teller, Wecker, Fenster, Löffel, Kalender, Kabel 5 Federball, Haustür, Kindergarten, Eisbär, Lichtschalter, Regenschirm, Blumentopf, Bilderrahmen, Spielsachen 6 Tischtuch, Fensterglas, Deckenlampe, Bilderrahmen, Türschloss, Ringfinger, Küchenuhr, Schuhschrank 7 Haustür, Hausaufgabe, Hausarzt, Handstand, Handbremse, Handball, Fußball, Fußboden, Fußtritt, Flussufer, Flussbett, Flusspferd

**Test 3**

1 farbig, krank, leise, bekannt, eng, eckig, hungrig, schmal 2 gesund, laut, rund, kurz, breit 3 rund, breit, spitz, hoch; rot, weiß, schwarz, grün 4 stärker, größer, länger, kürzer, dicker, breiter, weiter, enger, näher, ärmer, härter, älter 5 älter, tiefer, höher, breiter 6 länger, am längsten, der längste; stärker, am stärksten, der stärkste; älter, am ältesten, der älteste 7 dicker, am dicksten, der dickste; gut, am besten, der beste; wärmer; hoch, höher

**Test 4**

1 schlafen, schlagen, hören, halten, (auf)stehen, blicken, (auf)reißen, fliehen, stolpern, stürzen 2 schlief, schlug, hörte, hielt, stand (auf), blickte, riss (auf), floh, stolperte, stürzte 3 steht, leuchtet, heult, rast, gerät, landet, steigt, geht 4 stand, leuchtete, heulte, raste, geriet, landete, stieg, ging 5 kommt / kam, geht / ging, ruft / rief, findet / fand, sieht / sah, bindet / band 6 schlafen, werfen, hängen, stoßen, streichen, lesen, blasen, nehmen 7 bog, kroch, brummte, band, landete, flog, log, brach, nahm, gab

**Test 5**

1 steht, warten, untersucht, kommt, gibt 2 Nina spielt mit ihrem Hund. Nina wirft ihm einen Ball zu. Der Hund fängt den Ball auf. Er bringt ihn zurück. Nina lobt ihren Hund. 3 Fang den Ball auf! Hol den Ball! Bring den Ball! Leg den Ball ab! 4 Steh endlich auf! Frühstücke langsam! Fahr vorsichtig Rad! Sitz still! Melde dich öfter! 5 Waren alle Schüler pünktlich? Wann ist der Bus abgefahren? Wie hat allen der Ausflug gefallen? Wie lang hat die Wanderung gedauert? Ist jemand verletzt worden? Hat die Klasse den Zoo besucht? Hat das Taschengeld gereicht? 6 Hat es im Urlaub geregnet? Hast du einen Tauchkurs belegt? Was hat der Tauchkurs gekostet? Wie hat dir die Unterkunft gefallen? Wie lang hat der Flug gedauert? Hast du deine Freunde getroffen? Hat dir das Essen geschmeckt?

**Test 6**

1 Ein Gewitter, Der Himmel, Die Vögel, ein heftiger Wind, Er, die ersten Regentropfen, Grelle Blitze, Dumpfer Donner 2 ein heftiges Gewitter, Fernes Grollen, ein greller Blitz, Vater, Mutter, Sie, Er, ein Ast, Er 3 viele Menschen, Sie, Dachziegel, abgerissene Äste, Die Feuerwehr, Ein Baum, die Straßenkehrmaschine, Ein Zeitungsreporter, Das Regenwasser 4 Der Hund, Der Hamster, Der Vogel, Die Schildkröte, Die Katze, Das Pferd 5 brennt, stürzen, alarmiert, rast, hält (an), springen, gibt, rollen (aus) 6 ertönt, rast, beobachten, rollen, löschen 7 sitzt, schreit, holt, steigt (hinauf), packt, nimmt, klettert (hinunter), klatschen, steht, springt

**Test 7**

1 Vogel, Rabe, Hase, Fisch, Reh, Pferd 2 Fisch, Hund, Katze, Rind 3 Besen, Dose, Vase 4 Bild, Fisch, Blatt, Tisch; Bahn, Los, Zahn, Lohn 5 Lämmer, Bäume, Blätter, Tücher, Fächer, Gräser, Mäuse, Dämme, Fässer 6 Gestern machte unsere Klasse eine Wanderung zum Vogelpark. Die Störche hatten Junge bekommen, die gefüttert werden mussten. Abwechselnd flogen die Eltern fort und brachten Futter zum Nest. 7 gefährlich, dörflich, brüchig, männlich 8 lüften, stürzen, grüßen, wählen

**Test 8**

1 Baum, Maus, Haus, Raub (oder: rauben), Kauf (oder: kaufen), blau, Strauch, Raum 2 Zäune, Häuser, Leute, Kreuz, Freund, Sträucher, Räuber, Heu, beugen, räumen, läuten, träumen, feuern, meutern 3 Gärtner, Blech, Becher, Fässer, Bettler, Bäcker, endlich, täglich, herzlich, gefährlich, schädlich, nämlich 4 träumen, häufen, läuten, häuten, schäumen, räumen 5 Kräuter, Zäune, Bäume, Räume, Träume 6 näher, am nächsten (der nächste); ärmer, am ärmsten (der ärmste); schwächer, am schwächsten (der schwächste) 7 Gebäck, Gelächter, Gepäck, Wächter, Gebäude 8 Bad, Traum, Wald, Decke, Bach, Stelle, Kamm, Maus, Welle, Stall

**Test 9**

1 Ball, Palme, Bauch, Blatt, Pech, Platz, Park, Beet, Pizza, Pferd, Boot, Berg 2 leben, geben, stolpern, schweben, humpeln, strampeln, treiben, reiben, hupen, piepen, streben, traben 3 Dieb, Sieb, Grab, Korb, Kalb, Stab, Laub, Lump, Raub, Trieb 4 gelb, lieb, grob, plump, taub, trüb, halb, herb 5 Erlaubnis, Raubtier, Treibstoff, Hupe, Pumpwerk, Staubtuch, Klebstoff, Farbstoff, Reibfläche 6 die Traube, die Hupe, die Lupe, die Raupe, die Taube, die Grube 7 stolpert, humpelt, schreibt, klebt, reibt, gibt 8 lieb, grob, trüb

**Test 10**

1 Delfin, Dieb, Tier, Tag, Teig, Dampf, Teller, Dachs, Tiger, Trommel, Drachen, Decke, Tanz, Dach 2 Wunde, Eltern, Lieder, Leiter, Stunde, wandern, wenden, raten, gleiten, richten 3 Kleid, Wald, Boot, Heft, Beet, Kind, Pferd, Hund, Licht, Mund, Zelt, Rad, Geld, Brot, Arzt, Hemd 4 Hand, Geld, Wild, Bild, Rad; Hut, Amt, Held, Wut 5 wild, laut, breit, kalt, weit, alt, rund, gut 6 Baumhaus, Handtasche, Handtuch, Frühstück, Brotteig, Malbuch, Bettdecke, Sonnenschirm, Nilpferd, Festtag, Taucherbrille, Butterbrot, Wanderpfad, Badewanne 7 Abend, Mond, Hand, Hund, Wind, Bett

**Test 11**

1 Geld, Koffer, Gummi, Gemüse, Kaffee, Kino, Golf, Kamel, Glück, Kranz 2 glänzen, klagen, geben, kommen, graben, grüßen, kleben, gleiten, kennen, glauben 3 Sieg, Krieg, Ding, Burg, König, Berg, Bank, Klang, Gesang, Pflug, Krug, Erfolg, Fang, Spuk, Essig, Dank, Betrug, Käfig, Flug, Drang 4 fängt, trägt, lenkt, springt, sorgt, schenkt, trinkt, dankt, bewegt, fragt, wirkt, winkt, merkt, stinkt 5 strenge / streng, kranke / krank, schräge / schräg, kluge / klug, lange / lang, enge / eng, schlanke / schlank, welke / welk, starke / stark 6 biegt, fängt, sinkt, liegt, bewegt, winkt, blinkt, bedankt, fliegt 7 artig, fleißig, mutig, krank, stark

**Test 12**

1 der Kamm, die Puppe, das Bett, das Blatt, das Schiff, der Löffel, die Tanne, die Spinne, der Teller, das Messer, der Bagger, die Sonne 2 kommen, stillen / stimmen, kämmen, brummen; kennen / ketten, rennen / retten, nennen, können; robben / rollen, bellen / betten, schaffen / schallen / scharren, hallen / harren / hassen; wippen / wissen, schippen, tippen, nippen; müssen, murren, sperren, knallen / knarren; betteln, rattern, flattern, klettern 3 Mutter, Sonne, Rille, Damm, Welle, Nummer, fett, kennen, schallen 4 können, rinnen, spannen, kennen, nennen, spinnen; knallen, bellen, fällen, wollen, sollen, fallen; knarren, scharren, sperren, klirren, murren, zerren; schütten, glätten, wetten, bitten, spotten, gestatten 5 dünn, schnell, krumm, hell, glatt, satt 6 Knallfrosch, Kippfenster

**Test 13**

1 Aal, Aas, Beere, Boot, Fee, Haar, Idee, Kaffee, Klee, Meer, Moor, Moos, Paar, Saal, Saat, Schnee, See, Waage 2 Haarspange, Schneemann, Ehepaar, Moorleiche, Kaffeebohne, Teebeutel, Seeräuber, Saaltür 3 Zoo, See, Meer, Aas, Beet, Moos 4 See, Fee, Klee, Beet, Meer, Haar, Boot, Saat, Beere, Waage 5 Paar, Aas, Saal, Haar, Saat, Staat 6 leer, doof, Moos, Staat, Meer, See, Beere 7 See, Saal, Moos, Tee, Beere, Seele, Staat, Beet, Schnee, Aas, Meer

**Test 14**

1 dehnen, ahnen, gähnen, mahnen, stöhnen, lohnen 2 mahnen, wählen / wühlen, dehnen, wähnen / wohnen, stöhnen, fehlen / fühlen, zahlen / zählen, nehmen 3 Wahl, Lohn, Zahn, Zeh, wühlen, wehren 4 Rahmen, Ohr, Huhn, Gewehr, Kohl 5 Fahrer, Mehl, Reh, Fahne, Kuh, Rohr, Sohn, Wohnung 6 Stier, Tier, Biene, Papier, Dieb, Brief, Klavier, Diener 7 schrieb, rieb, blieb, lieh, trieb, schied 8 Bibel, Gardine, Igel, Lawine, Maschine, Praline, Rosine, Tiger 9 Tiger, Maschine, Praline, Lawine, Bibel 10 Zwiebel, Sohn, Wahl, Wohnung, Wiese, Papier

**Test 15**

1 der Zahn, das Bein, der Fuß, der Kopf, die Nase 2 die Maus, die Mäuse; der Floh, die Flöhe; die Katze, die Katzen 3 Handtuch, Handschrift, Handschuh 4 näher, älter, höher, besser 5 schneller, weniger 6 bog, hielt, fuhr 7 fahren, binden, kommen, lügen 8 Deck den Tisch! Räum dein Zimmer auf! 9 Wann beginnen die Ferien? Fällt morgen der Sport aus? 10 gelb, pumpen, Wald, Arzt, grün, klein, Krieg 11 Fässer, Becher, Fremder, Gärtner 12 Schiff, Spinne, Paar, doof 13 ihnen, Bibel, Flieger, Tiger

# Lösungen Rechtschreibung

**Test 1**
1 B, D, F, H, I, K, L, N, Q, S, U, X, Z 2 A B C D E F G H I J K L M / N O P Q R S T U V W X Y Z 3 KUH, ZIEGE, SCHAF 4 W I N T E R 5 Bauernhof, Feld, Gans, Huhn, Kuh, Stall, Traktor, Wiese 6 Aal, Adler, Affe, Ameise, Antilope 7 essen, lachen, malen, reden, spielen, turnen, wandern 8 abseilen, befreien, feiern, greifen, heilen, kreischen, leihen, schleichen, verweilen, weinen, zeichnen

**Test 2**
1 Dackel, Tafel, Daumen, Dinosaurier, Turm, Dienstag, Decke, Tanne, Temperatur, Tier 2 Bild, Hut, Feld, Wand, Ast, Boot, Rest, Wald, Bart, Geld, Wort, Land 3 Antenne, Kalender, Wanderschuhe, Haarbürste 4 Großmutter kochte gestern für alle Kinder eine große Kanne Kakao. 5 Pinguin, Tiger, Jaguar, Krokodil, Kakadu, Känguru, Papagei, Igel 6 Berg, Getränk, Fabrik, Zwerg, Burg 7 Ampel, Hebel, Trauben, Tulpe, Raupe, Stapel 8 schreiben – schreibt, kleben – klebt, heben – hebt, geben – gibt, pumpen – pumpt, schieben – schiebt 9 Scheibe, Hupe, Knabe, Rübe, Schraube, Lampe, Treppe, Pumpe

**Test 3**
1 Schal, Schere, Schokolade, Schrank, Schuh, ~~Schquar~~, Schule, Schirm, ~~Schklan~~, Schaukel 2 Tisch, Geräusch, Fluss, Gebüsch, Fisch, Nuss, nass, regnerisch, blass, falsch, frisch, hübsch 3 zischen – wischen, rauschen – lauschen, waschen – naschen 4 Storch, Schmetterling, Schwan, Specht, Schaf, Schnecke, Schimpanse, Stier, Schwein, Spinne 5 Sport, Spiel, Spaß 6 Spielzimmer, Schaukel, Schatten, Schlüssel, Schleife, Schimmel 7 Masten, Weste, ~~List~~, Kiste, Borsten, ~~Ast~~, ~~Fest~~ 8 bestaunt, strahlend, stolze 9 Sp (4-mal)

**Test 4**
1 dünn 2 Arzt, Medizin, schwach, Schmerz, Bett, Verband, schlafen, müde 3 Gestern, Sie, Das, Es, Der 4 Pia liegt im Bett. Sie langweilt sich. Endlich kommt Besuch. 5 die Erkältung, das Bett 6 der Hund, die Katze, der Vogel 7 Opa, oft, Onkel, Oktober, offen 8 alt, grün, dunkel 9 Koffer, rennt, Wald

**Test 5**
1 freundlich, windig, endlich, traurig, brummig, reichlich 2 salzig, zeitig, bergig, langweilig 3 stürmisch, regnerisch, praktisch, mürrisch, wählerisch 4 schlaflos, seltsam, boshaft, winterlich 5 Mannschaft, Landschaft, Herrschaft, Wissenschaft 6 standhaft, Geschäft, bestraft 7 Eva ruft. Waldi bellt. Ole guckt. Sonja lacht. 8 -nis 9 Reisezeit, Sommerkleid

**Test 6**
1 Haustür, Dachfenster, Kellertreppe, Wohnzimmer, Küchentisch, Spielkiste 2 Blumenstrauß, Geschenkpapier, Brieffreund, Festtag, Kinderzimmer, Kaffeelöffel 3 Spielfigur, Spielplan, Spielsteine, Spielplatz, Spielregel, Spielgruppe 4 Hitze, Juni 5 der Großvater, das Hochhaus, der Buntstift, der Neubau 6 das Meisennest 7 Faschingskostüm, Kalenderblatt, Wettrennen, Zitronenlimonade 8 Schul~~s~~kind, Bücher~~n~~tasche, Lese~~r~~buch, Schreib~~e~~block

**Test 7**
1 Pferd, pfiffig, Pfau, pflegen, pflücken, Pfeffer 2 Zipfelmütze, Apfelsine, Treffpunkt, Fressnapf, Koffer, Schaffner, Tapferkeit, Kochtopf 3 Lamm – Damm, Kopf – Zopf, Sumpf – Strumpf 4 pflückt, Pflaumen 5 Pfifferling, Pinguin, Palme, Pfeil, Pirat, Pferd, Picknick, Pilot, Pflanze, Park, Pilz, Platz 6 Pferd, Pfosten, pflückt, Pfirsich, Pfannkuchen 7 Familie, Falter, Pfeffer, Pfanne, Fahne, Faust, Fahrrad, Pfad, Pfeife, Pflaume, Farbe, Pflanze 8 Pfötchen, Pfütze, Pflaster 9 pfeifen, pflanzen, pfeffern, pflegen

**Test 8**
1 A/a: 5, E/e: 1, I/i: 2, O/o: 2, U/u: 1 2 Wetter, Lasso, Kette, Himmel 3 der Fluss, der Knall, das Blatt, der Damm, der Gewinn, der Kamm 4 kommen, stimmen, vergessen, kämmen, trommeln, auslöffeln 5 Pass – Fass, ~~U~~ / Rüssel – Schlüssel – Schüssel / Tanne – Pfanne, ~~L~~ / Hammer – Kammer – Jammer 6 knallen, fallen, bestellen, schnuppern, wollen, klappern, bitten, klettern, wippen, schlittern 7 Wellensittich, Wasserkanne, Wasserfall, Mülltonne 8 am königlichen Hofe, die Schafe auf der Wiese, ein Löffel Suppe, ich hoffe, das schaffe ich bestimmt, am Ufer des Sees 9 Quellwasser, Haselnuss, Nachmittag, Lichterkette, Schwimmhalle, Sonnenbrille

**Test 9**
1 Schnecke – Hecke, Brücke – Lücke, Stück – Glück, Socke – Locke, Rücken – Mücken, Fackel – Dackel, Stock – Rock, picken – blicken, jucken – ducken 2 ~~Stacker~~, Trecker, Deckel, Jacke, ~~Inhucke~~, wackeln, ~~wockern~~, ~~nuckeren~~, meckern, entdecken, locker, dick, ~~norckas~~, erschrocken, glücklich 3 Bäcker, Zucker, Hocker, Nussknacker, Wecker 4 packen, winken, schlucken, drücken, schenken, Bank, Zacken, Anker, Schrank, Glocke 5 der Blitz – der Witz – der Schlitz – der Sitz, der Schatz – der Satz – der Spatz – der Platz, schützen – die Mützen – nützen, der Klotz – der Trotz – der Kraftprotz 6 verschmitzt, schmutzig, ~~brautzkel~~, witzig, ~~blutzter~~, geschwätzig, trotzig, ~~gelatzmisch~~, gehetzt, ~~benitzke~~, verletzt, glitzernd 7 Kreuzung, Weizenmehl, Herzog, Heizung 8 Glanz, Sprungschanze, Glatze, Hitze, Holzbrett, Schatztruhe, Pilz, Katze, Gewürz, Umweltschutz, Arzt, Herz

**Test 10**

1 Schrank, Schränke / Hand, Hände / Bank, Bänke / Wand, Wände 2 wärmen 3 Das Baby schläft. Vater gräbt. Mutter zählt. Opa hämmert. Willi hält den Hund fest. Der Hund bellt. Lisa lächelt. Oma näht. 4 Rätsel, Helfer, Gärtner, Kerze, Zelte, Wärter, Tränen, Bären 5 Scheune, Leute, ~~Schmeuche~~, heute, ~~greuß~~, ~~Beuter~~, Spielzeug, ~~Tarneug~~, neu, teuer 6 Der Räuber entführte die Prinzessin. Das Feuer loderte hell auf. Der Raum wurde aufgeräumt. Der Ruf einer Eule klang schaurig durch die Nacht. 7 Beule, Eule, neu, Leute, scheu, Heu, Meute, Steuer, Steuerrad, teuer, euer, Freund, bereuen, Reue, Zeug, Zeugnis 8 In der Nacht hat eine Scheune gebrannt. Sie war voller Heu und Stroh. Die Feuerwehr ist gekommen und hat den Brand gelöscht. Meine Freundin hat alles gesehen.

**Test 11**

1 viel, voll, Vase, Ventil 2 Feder, Verein, Fisch, Vogel, Verkehr, Fasan, Verwandtschaft 3 vorsichtig, vergessen, Vogelhaus 4 Wolken, Wald, Veranda, Vitamine, Winter, Wunsch, Violine, Villa, Vulkan, Vampir, Vase, Witz 5 Blumenvase, Alpenveilchen, Sommerwetter, Wundverband, Möwenfeder 6 Vogelkäfig, Volksfest, Vollmond, Vorhangstoff, Viereck, Videogerät, Villenviertel, Vitaminsaft 7 - ~~SAUNA~~, - ~~LACHT~~, - ~~TARNT~~, - ~~LEISE~~, - ~~WUND~~ 8 vier, furchtbar, vorwitzig, voll, verloren, faul, finster, fremd, vernünftig, fleißig, froh

**Test 12**

1 Äste, Zweige, Büsche, Bäume, Wurzeln, Blätter 2 Win-ter, ha-ben, Bäu-me, kei-ne, Blät-ter 3 Bee-ren, Mee-re, Boo-te, Staa-ten, Klee-blatt 4 Lat-ten, Bret-ter, Ham-mer, Hüt-te, Tep-pich 5 winken, sinken, trinken, lenken, denken, schenken, singen, bringen 6 Lo-ko-mo-ti-ve, Mär-chen-vor-stel-lung, Ge-wit-ter-wol-ken, Fa-mi-li-en-tref-fen, Aben-teu-er-buch, Ge-burts-tags-ge-schenk 7 Stück-chen, ent-de-cken, fla-ckern, Ruck-sack, Zu-cker 8 Antenne, Ankerkette, Anzug, Orkan, Orchester, ~~Orzean~~, ~~Elsel~~, Elfenbein, Eltern, Urlaub, ~~Urtisch~~, Urwald, Insel, ~~Indeck~~, Interesse

**Test 13**

1 eine gute Idee, der erste Schnee, die freundliche Fee, weiches Moos, ein schnelles Boot, der Löwe im Zoo, der große Saal, lockiges Haar, das Gewicht auf der Waage 2 Meer – schwer, Boot – Not, Haare – Ware, Saal – Stahl, Moor – Tor, See – Reh 3 die Stille, der Schwimmer, die Biene, das Tier, der Stier, die Zahl Sieben, der Tisch, die Brille, das Licht, der Diener, das Fieber, das Kind 4 Auf der Wiese sind viele Kinder. Sie haben ihr Spielzeug mitgebracht. Nana zieht ein Stofftier hinter sich her. Die anderen spielen mit dem Ball. 5 fehlen, ahnen, bezahlen, gähnen 6 Huhn, Höhle, Jahr, Sahne, Ohr 7 Zahl, Ziege, Wohnung, Stroh, Stiefel, Zahn, Dieb, Uhr, Wiege, Wahltag, Mehl, Wahrheit, Lied, Mühle, Ziel, Stuhl, Jahreszeit, Kohle, Gefühl, Frieden, Kieselstein 8 Der Detektiv sieht eine Spur am Boden. Er zieht seine Lupe aus der Tasche. Der Dieb flieht. Alles geschieht ganz schnell. 9 kriechen

**Test 14**

1 Zoo, Zwerge, Segelschiff, Zahnarzt, Sahnetorte, Zug, Zirkus, Sonnenschein, Zauberer, Suppenteller 2 Biss, Witz, Fluss, Schatz, Rehkitz, Fass, Putz, Boss 3 gesund, Schulranzen, einsam, geizig, Besen, Polizei, Hundeschnauze, besuchen, Glanz, Gräser, Heizung, Straßenkreuzung, Urlaubsreise, Oase, Meise 4 wissen, lesen, aufpassen, die Rosen, anfassen, müssen, die Vase, auspressen, vergessen, der Käse 5 der Fuß, die Füße / der Gruß, die Grüße / der Spaß, die Späße / das Maß, die Maße / der Kloß, die Klöße / der Schoß, die Schöße 6 außen – draußen, weiß – heiß, bloß – groß, dreißig – fleißig 7 nicht innen, sondern außen / nicht schwarz, sondern weiß / nicht klein, sondern groß / nicht sauer, sondern süß / nicht faul, sondern fleißig 8 schließen, fließen, wissen, verbessern, stoßen, genießen, grüßen, küssen, gleichmäßig, heißen, kassieren, aufessen, müssen, zerreißen, beißen 9 Außerirdische, Großbaustelle, Gießkanne, Deckweiß

**Test 15**

1 Akrobat, Clown, Dompteur, Jongleur, Seiltänzer, Zirkusdirektor 2 Sprung, Kunstwerk, Bilderbuch, wanken, Trab, Gestalt, Unterschrift, Wanderstab, Urwald, kaputt 3 Stiefel, laufen, schnell, Pfütze, treten, nass, Wasser 4 Gesundheit, Heiserkeit, Müdigkeit, Krankheit, langweilig, traurig, abenteuerlich, fröhlich 5 Pudelmütze, Pfadfinder, Apfelkuchen 6 Gewissen, Nase, besser, Wasser, prasseln, leise, Schlüssel, Lasso, Rose (Rosse), Tassen, passiert, Mausefalle 7 Haus, Häuser / Baum, Bäume / Beule, Beulen / Freund, Freunde / Hand, Hände / Acker, Äcker / Netz, Netze / Strecke, Strecken 8 Frau, Vater, Vogel, Frosch, verboten, Verein, fürchterlich, Wald, Vulkan, Vampir, wichtig, Veranda, wütend, Wurzel 9 Obst, Erd-bee-ren, Wein-trau-ben, Kir-schen, Nüs-se, Ap-fel-si-nen, Pflau-men, Bir-nen, Korb

# Lösungen Grammatik

**Test 1**

1 P, Y 2 FRANK UND MARIE WAREN IN DEN FERIEN AUF EINEM BAUERNHOF. SIE HABEN VIEL ERLEBT UND KÖNNEN IHREN FREUNDEN NUN EINE MENGE ERZÄHLEN. 3 Fisch, Frosch, Pferd, Kuh, Hahn, Hund 4 Die beiden Kinder durften jeden Tag mit aufs Feld fahren. 5 21 (von insgesamt 26 Buchstaben) 6 8 Zweier und Dreier 7 Selbstlaute, Mitlaute, Selbstlaut, Mitlaute, Selbstlaute, Mitlaute 8 Ställen, schönsten, höchsten, hüpfen, glücklich, späten, Kätzchen

**Test 2**

1 Fußball, Seile, Reifen, Kletterstange 2 Sonja, Woche, Sportstunde, Herzenslust, Halle, Ringen, Leitern, Matten, Purzelbäume, Kindern, Fußball 3 das Fußballspiel, die Sporttasche, der Laufschuh, der Sportplatz, der Trainingsanzug, die Stoppuhr 4 Die, der, das, der, den, das, dem, der, die, der, dem, die, dem 5 Ein Ball wird geholt. Finn entknotet ein Seil. Jana räumt eine Matte weg. 6 Er pfeift das Spiel an. Sie schießt weit. Sie zielt. Sie hoffen, dass Petra trifft. Sie ist eine tolle Torhüterin. 7 er, ihr, sie, wir, sie, es 8 2, 1, ~~7~~, 3, 5, 6, 4

**Test 3**

1 das Kostüm, der Luftballon, die Luftschlange, die Maske, der Hut, die Pappnase, die Girlande 2 die Piraten, die Indianerkinder, die Könige, die Prinzessinnen, die Monster, die Hexen, die Ritter 3 Freunde, Freundinnen, Luftschlangen, Luftballons, Lampions, Bildern, Bonbons, Plätzchen, Streuseln, Lieder, Getränke, Witze 4 Besen, Stiefel, Gürtel 5 Kostüme: Räuberhut, Ritterrüstung, Federschmuck, Piratenhemd, Clownsnase, Cowboyhut; Essbares: Apfelringe, Kartoffelchips, Erdnüsse, Kekse, Gummibärchen, Salzstangen 6 Obst 7 Gurken, Spielplatz

**Test 4**

1 Stadtkinder, Wunderkinder, Tierkinder 2 Zebrastreifen, Autobahn, Lastwagen, Fußgänger, Schnellstraße, Verkehrsschild 3 Straßenkreuzung, Polizeiwagen, Blaulicht, Martinshorn, Straßenräuber, Verkehrsunfall 4 Aussage 1, 2, 4, 5 und ~~7~~ werden durchgestrichen. Richtig sind die Aussagen 3 und 6. 5 -ablage, -sitz, -reifen, -heber, -tür, -rad 6 Stadt-, Fuß-, Ampel-, Rad-, Eis-, Park- 7 Ja 8 Alt-, Neu-, Groß-, Klein-, Eng-, Grün-, Schwer- 9 Großraumwagensitzplatznummer, Autobahntankstellenhinweisschild

**Test 5**

1 Beruf, Anruf 2 -zeichen (Abzeichen, Anzeichen), Andenken, Abschied, -fall (Abfall, Anfall), Abgrund, Abteilung, -schluss (Abschluss, Anschluss), Anhänger, Absender, Anfang, Anzahl, Anführer 3 Angekreuzt werden: Ab-sicht, Ab-bild, Ab-lage, Vor-sicht, Vor-bild, Vor-lage, Vor-mittag, Auf-sicht, Auf-lage, Ein-sicht, Ein-lage, Nach-sicht, Nach-mittag. 4 Eingang, Besucher, Vorsicht, Zuschauer, Vorführungen 5 Mannschaft, Freundschaft, ~~Trenn~~-, Landschaft, Wirtschaft, Verwandtschaft, ~~Käfig~~-, Gemeinschaft, Nachbarschaft 6 Tapferkeit, Freundlichkeit, ~~Schön~~-, Traurigkeit, Gültigkeit, Gerechtigkeit, ~~Kraft~~-, Wirklichkeit 7 Entdeckung, Freiheit, Tapferkeit, Wildnis; Freiheit, Wildnis, Entdeckung, Tapferkeit 8 Umzäunung, Gefangenschaft, Bereitschaft, Heizung, Hindernis, Vorführung, Freundlichkeit, Schönheit, Einsamkeit

**Test 6**

1 Frühling: brüten, blühen; Sommer: planschen, schwitzen; Herbst: regnen, stürmen; Winter: schneien, frieren 2 scheint, fährt, trägt, trifft (sich) 3 Du gehst ins Schwimmbad. Du springst ins Wasser. Du tauchst lange. Du spritzt mich nass. 4 ich zeichne, ich radiere, ich male, ich schneide, ich schreibe, ich falte 5 sagt – sagen, darf – dürfen, kommst – kommen, fährt – fahren, freut (sich) – (sich) freuen, schlafen – schlafen 6 ich lache, du lachst, er/sie/es lacht, wir lachen, ihr lacht, sie lachen 7 FLIEGEN, STEIGEN, LAUFEN, RUFEN, HALTEN, WICKELN, STOLPERN, LOSLASSEN 8 SCHNEIT, SCHNEIT, LIEGT, VERSCHWINDEN, SCHEINT, KÖNNEN, HOLEN, RODELN, MACHEN, BAUEN 9 bin, sind, ist

**Test 7**

1 Angekreuzt werden Satz 1, 2 und 4. Nicht angekreuzt wird der dritte Satz. 2 steigt, gehört, steht, ankommt, staunt 3 steht, sieht, sucht, wählt, kommt, kann 4 ich sage, ich sagte; ich hole, ich holte; ich schaue, ich schaute 5 bauten, gehörte, verfiel, überstand 6 kam ... an, schaute ... hinauf, winkten ... herunter, riefen ... zu, fand ... heraus, brachte ... mit 7 er wanderte, er staunte, er suchte, er erblickte, er holte, er sammelte, er erklärte, er fragte, er wollte wissen, er stotterte, er stellte, er jubelte 8 Gegenwart

**Test 8**

1 ging, bellte, zerrte, redete, rannte, folgte 2 hat gebellt, hat gezerrt, habe eingeredet, ist zugerannt, bin gefolgt 3 sie hat ihn gerufen, sie ist ihm gefolgt, sie hat es gesehen, sie ist gestolpert, sie hat sich gekratzt, sie hat es gefunden, sie hat gestaunt, sie hat es genommen, sie ist gegangen 4 ist ... gegangen, hat erzählt, gefunden haben, hat ... gelegen, hat ... entdeckt 5 er schnüffelte, er hat geschnüffelt; er jault, er jaulte; er sucht, er hat gesucht; er zog, er hat gezogen; er bellt, er bellte 6 Ein Mann kam ins Fundbüro. Er war ganz unglücklich. Er fragte nach einer Jacke. Er hatte Glück. Die Jacke war da. In der Jacke steckte seine Brieftasche. 7 1. Vergangenheit, 2. Vergangenheit, Gegenwart

**Test 9**

1 ansehen, aussehen, übersehen, umsehen 2 zerkleinern, ankündigen, auslöffeln, entfernen, benötigen 3 ent- 4 zer- 5 ver- 6 erfahren, erklären, erraten, erfrischen 7 ~~vor~~- (nachdenken), ~~nach~~- (vorlassen), ~~vor~~- (nachschlagen), ~~nach~~- (vordrängeln), ~~nach~~- (vortragen), ~~nach~~- (vorgehen) 8 angeln, beten, bellen, einigen, ernten, herrschen, hindern, hinken, zerren, zucken, zupfen

### Test 10

**1** dick, spannend, schön **2** dünn, gruselig, dunkel **3** neugierigen, gefährliche, wilden, verborgene, zornigen **4** uralte, schrecklichen, bösen, gütigen, zierlichen **5** messerscharf, kinderleicht, moosgrün, blitzschnell **6** dicker, älter, größer **7** spannendsten, interessantesten, schönsten, besten **8** freundlich, mutig, erstaunlich, windig, großartig, trotzig, entsetzlich, möglich **9** schlecht – gut, jung – alt, hart – weich, dunkel – hell, warm – kalt, leer – voll, tief – hoch, dünn – dick, klein – groß

### Test 11

**1** LUSTIG, KLAR, DURSTIG, BUNT, SCHNELL **2** rennen, ärgern, teilen, sitzen, wissen, wandern, stehen, tauchen **3** der Ausflug, der Wald, die Lichtung, die Pause, das Frühstück, die Nähe, der Bach, der Staudamm **4** ~~SCHNELL~~, ~~VOGEL~~, ~~ALT~~ **5** Namenwörter: Kinder, Wald, Sträucher, Beeren, Pilze, Tiere, Baumstämmen; Wiewörter: leise, dämmrigen, genau, unbekannte, dicken, seltene, kleine, vermoderten; Tunwörter: gehen, beobachten, entdecken **6** mitbringen, finden, sammeln, aufheben, ankommen, zusammentragen **7** Angekreuzt wird die dritte Reihe. **8** BEZEICHNUNG, WEGZEICHEN, ABZEICHEN, ZEICHENBLOCK, VERZEICHNIS, STRICHZEICHNUNG

### Test 12

**1** MICHAS FAMILIE IST UMGEZOGEN. NUN HAT MICHA ENDLICH EIN EIGENES ZIMMER. AUCH SEINE SCHWESTER JANA BEKOMMT EIN ZIMMER FÜR SICH. MICHA DARF SEIN NEUES ZIMMER GANZ ALLEIN EINRICHTEN. **2** Micha (oder: Er) stellt den Schrank an die Wand. Er (oder: Micha) schiebt das Bett unter die Schräge. Er (oder: Micha) rückt den Tisch unter das Fenster. **3** Dann sucht Micha einen guten Platz für das Bücherregal. Er könnte es neben den Schreibtisch stellen. Aber neben dem Bett wäre auch ein guter Platz. **4** Und wie ordne ich jetzt die Bücher? Sollen sie alle durcheinanderstehen? Welche sind eigentlich meine wichtigsten Bücher? Und wo stelle ich die Schulbücher hin? Dies alles sind Fragesätze. **5** Du solltest sechs von diesen Fragewörtern aufgeschrieben haben: welcher, welche, welches, wer, was, wessen, wem, wen, wo, wohin, woher, wann, wie, warum, weshalb, wieso, weswegen, wodurch, womit **6** Welches von den drei Postern hänge ich auf? (oder: Welches Poster soll ich aufhängen?) Wo baue ich meine Ritterburg auf? (oder: Wo soll ich die Ritterburg aufbauen?) Wie befestige ich das Modellflugzeug? (oder: Wie soll ich das Modellflugzeug befestigen?) **7** Bist du (jetzt/schon) fertig? Darf ich es (mir) ansehen? Sind (schon) alle Kisten leer? (oder: Hast du schon alle Kisten ausgeräumt/leergeräumt/ausgepackt?) **8** Sei vorsichtig! Brich den Flügel nicht ab! Halt(e) die Schnur gut fest! Lass(e) nicht los! Versuch(e) es noch einmal! Schau(e) es dir an!

### Test 13

**1** Jede Woche putzt Peter den Vogelkäfig. Den Vogelkäfig putzt Peter jede Woche. Putzt Peter jede Woche den Vogelkäfig? **2** Seit Sonntag / wohnt / der Dackel Dagobert / in seiner neuen Hundehütte. **3** Im Aquarium schwimmen viele Fische. Im Katzenkorb liegen drei Katzenkinder. Im Terrarium schlängeln sich drei Schlangen. Im Laufrad rennen zwei Goldhamster. **4** geht, hört, sitzt, streichelt; Satzaussage (Satzkern) **5** zum Reiterhof, ein Pony, mit einer Bürste, richtig gute Freunde **6** Sabine, Hasso, Oma Hildes Katze, Zwei Kanarienvögel, Onkel Arnes Tauben **7** Der Hund bellt. Die Katze miaut. Das Pferd wiehert. Der Kanarienvogel trällert. Die Tauben gurren. Das Huhn gackert. **8** Wer rennt mit Rex um die Wette? Was tut/macht Andreas?

### Test 14

**1** „Klar gehen wir da durch. Das ist eine Abkürzung." **2** Anton sagt: „Du kannst ja hierbleiben. Ich gehe jetzt jedenfalls los." Eva fragt: „Und wie soll ich dann nach Hause kommen?" Anton erklärt: „Geh einfach immer der Straße nach." **3** Ich will aber nicht ganz allein auf der Straße gehen. Aber wenn der Weg dann wirklich irgendwann aufhört? Na gut, dann geh ich eben mit. **4** Nachdem die beiden eine Weile schweigend durch den Wald gegangen sind, sagt Anton: „Siehst du, es ist gar nicht so schlimm." Dann fügt er hinzu: „Und der Weg wird sogar breiter." Eva murmelt: „Na ja." **5** 3, 2, 1 **6** Anton fragt: „Meinst du die Stelle da unten im Farnkraut?" Eva erwidert: „Ja, genau die meine ich. Welchen von den beiden Wegen müssen wir denn jetzt nehmen?" Anton beruhigt sie: „Warte, ich zeige es dir gleich." **7** 3, 2, 1 **8** rufen, flüstern, berichten, brummen, schimpfen, klagen, stottern

### Test 15

**1** a: 4-mal, e: 7-mal, i: 3-mal, o: 1-mal, u: 2-mal **2** die Dusche, das Becken, der Startblock; die Duschen, die Becken, die Startblöcke **3** Sprungbrett, Beckenrand, Nichtschwimmer, Wasserball **4** springen, tauchen, schwimmen, kraulen, planschen, rutschen **5** 1. Vergangenheit, 2. Vergangenheit **6** stehe, schaue, erschrecke, ist, springe, macht **7** Heute / wimmelt / das Hallenbad / von Kindern. Beim Schwimmfest / kämpfen / die Mannschaften aller Schulen / wie jedes Jahr / um den Pokal. Vielleicht / gewinnt / unsere Schule / diesmal / den Pokal. Alle / drücken / die Daumen. Grün unterstrichen werden: das Hallenbad, die Mannschaften aller Schulen, unsere Schule, Alle. Rot unterstrichen werden: wimmelt, kämpfen, gewinnt, drücken. **8** Der Bademeister ruft: „Nun kommt mal alle her!" Alle Kinder schreien durcheinander: „Wer hat gewonnen?" Der Bademeister lacht: „Wenn ihr so laut seid, versteht ihr nichts." Langsam wird es leiser, immer leiser, bis man nur noch eine einzige dünne Stimme hört: „Hoffentlich wir, hoffentlich wir, hoffentlich wir!"

# Lösungen Mathematik

**Test 1**
1 38, 69, 57 2 41, 22, 52 3 43, 54, 65 4 74, 62, 45 5 48, 55, 36 6 41, 29, 61 7 64, 77, 88 8 24, 41, 43 9 53, 81, 82 10 48, 37, 15 11 63, 65, 64

**Test 2**
1 85 2 44 3 83 4 57 5 36 6 71 7 77 8 61 9 45 10 32 11 82

**Test 3**
1 37, 63, 89, 36, 60, 84, 40, 65, 90, 39, 62, 85 2 93, 74, 85, 77 3 65, 61, 81, 74, 71, 72 4 52, 70, 34, 61, 100 5 + 47, + 57, + 47, – 36, – 57, – 57, + 45, – 59, + 45 6 54, 26, 26, 17, 24, 39 7 46 8 65

**Test 4**
1 6, 7, 7, 9, 9, 3, 5, 4, 8 2 14, 35, 18, 45, 12, 30 3 6, 9, 7, 3, 9, 4, 7, 7, 9 4 30, 16, 45, 12, 14, 25 5 4, 2, 10 6 10, 5, 3, 5, 9, 5, 8, 7, 2 7 63, 21, 42, 81, 27, 54 8 72, 48, 24 9 54, 21, 63, 45

**Test 5**
1 24, 32, 42 2 3, 6, 8, 4, 7, 9 3 28, 49 4 5, 8, 9, 3, 7, 4 5 49, 28, 56, 21, 12, 24, 42, 24, 48, 63, 36, 72 6 KINO, GOLD, GELD, BAUM 7 18 8 24, 72, 28, 36, 42, 64, 56, 20, 72, 21

**Test 6**
1 63 2 54 3 28 4 48 5 64 6 24 7 35 8 54 9 28 10 36 11 32

**Test 7**
1 9, 7, 7, 9, 8, 6, 7, 7, 8 2 7, 8, 9, 9, 7, 7 3 7, 3, 3, 6, 5, 4 4 9, 7, 9, 9, 8, 9, 8, 7 5 5, 6, 9, 8, 7, 9 6 42, 40, 8, 40, 5 7 7 8 8 9 9 10 9

**Test 8**
1 70, 80, 60, 90 2 230, 560, 610, 740 3 150, 830, 980, 400 4 240, 290, 130, 460 5 630, 520, 450, 750 6 550, 360, 660, 450 7 418, 339, 365, 251, 634, 417 8 483, 644, 284, 827, 371, 788 9 631, 335, 351, 341, 722, 344 10 115 11 783

**Test 9**
1 721, 733, 844, 645 2 484, 624, 479 3 9, 8, 1, 2 4 536, 627, 333, 659 5 275, 267, 577 6 8, 0, 5, 5 7 644, 666, 674, 129, 886 8 716, 449, 687, 500 9 551 10 847

**Test 10**
1 350, 480, 360, 350, 480, 360 2 450, 320, 270, 140, 160, 300 3 4, 7, 8, 6, 7, 7 4 90, 30, 30, 60, 70, 80 5 350 6 250 7 360 8 28, 53, 76 9 3, 7, 7, 3, 7, 7 10 50, 70, 80, 60, 80, 80, 90, 30, 90 11 420, 320, 240, 540, 490, 180 12 8 13 7 14 670

**Test 11**
1 50 + 35 = 85, 60 + 54 = 114, 80 + 64 = 144 2 126, 112, 120, 76, 90, 78 3 112, 133, 144, 171 4 102, 117, 112, 126 5 15, 12, 14 6 13, 14, 12 7 72, 54, 36, 24, 216, 162, 108, 72 8 43, 62, 84, 69 9 72, 33, 27 10 90, 96, 32, 128, 16 11 79

**Test 12**
1 609 2 508 3 888 4 72 5 36 6 43 7 32 8 47 9 49 10 756 11 39

**Test 13**
1 135, 84, 12, 108, 136, 34, 272 2 634, 827, 662 3 358, 478, 328 4 338 5 222, 581, 632 6 737 7 513 8 84, 74, 92 9 78 10 747, 313, 456, 68, 74, 336, 251, 371, 152, 88

**Test 14**
1 44, 72 2 435, 604 3 3,36, 2,08 4 2,91, 5,55 5 3,52, 6,45 6 580, 462 7 440, 761 8 2,760, 4,068 9 25, 42 10 2 h 25 min, 7 h 36 min 11 13.08, 13.38 12 588, 422 13 643, 328 14 3,300, 2,127, 5,085, 4,006 15 600, 910, 964

**Test 15**
1 75, 63, 66 2 55, 46, 36 3 73, 101, 65 4 105 5 82 6 42, 24, 36, 56, 48, 45, 81, 32, 35 7 48 8 8, 7, 7, 7 9 3 10 699, 300 11 438, 627 12 872, 545 13 841, 644, 823 14 447, 578, 567 15 136, 152, 112, 96, 128, 144 16 44, 64, 76 17 3,75, 2,535, 682, 1,750, 11.09, 16.11 18 712, 32

# Lösungen Textaufgaben

**Test 1**
1 59, 82, 42, 26, 19, 33, 38, 84 2 27 Kinder 3 31 € 4 16 Plätze 5 43 Bälle 6 42 € 7 15 km 8 66 Muscheln 9 92 Karten 10 50 Autos

**Test 2**
1 30, 14, 30, 8, 7, 8 2 6, 3, 7, 5, 6, 9 3 20 Arbeitsblätter 4 7 Wagen 5 6 Bonbons 6 70 Schokoküsse 7 14 € 8 19 kg 9 80 Luftballons 10 57 Kinder

**Test 3**
1 21, 54, 64, 9, 6, 7 2 3, 9, 6, 6, 7, 1 3 18 Eier 4 4-mal 5 42 Tage 6 27 7 45 Jahre 8 5 Hamster 9 80 Würstchen 10 5 Fische

**Test 4**
1 6, 6 Rest 3, 5, 5 Rest 6 2 8 Rest 1, 7 Rest 5, 9 Rest 3, 4 Rest 0 3 4 T-Shirts 4 2 Lollis 5 2 Handtücher 6 5 Brötchen 7 10 Tage 8 7 Boote

**Test 5**
1 96, 75, 35, 4, 25, 34, 7, 9 2 68 Bilder 3 9 Wochen 4 56 Beine 5 33 Gäste 6 24 Stunden 7 27 Bücher 8 99 Zuschauer 9 37 € 10 15 €

**Test 6**
1 390, 720, 670, 910, 110, 750 2 210, 670, 310, 80, 280, 380 3 250 € 4 560 km 5 310 Männer 6 280 km 7 800 € 8 840 kg 9 120 € 10 810 €

**Test 7**
1 300, 140, 280, 2, 9, 100 2 80, 90, 40, 10, 4, 6 3 150 Kinder 4 360 km 5 420 Minuten 6 90 Zuschauer 7 350 Personen 8 40 9 70 € 10 560 kg

**Test 8**
1 600, 1000, 800, 20, 10, 30 2 8, 9, 8, 90, 70, 40 3 6 Kisten 4 900 € 5 800 km 6 400 Fliesen 7 9 Scheine 8 5-mal 9 9 Tage 10 845 €

**Test 9**
1 698, 884, 972, 901, 477, 884 2 532, 413, 544, 444, 276, 402 3 155 Jungen 4 430 m 5 63 Tauben 6 648 Äpfel 7 867 km 8 311 besetzte Plätze (Besucher) 9 573 10 22 €

**Test 10**
1 144, 330, 249, 243 2 13, 14, 31, 93 3 26 Schüler 4 475 km 5 184 € 6 14 Fische 7 28 Bücher

**Test 11**
1 820, 392, 992, 43, 72, 83, 268, 424, 665 2 526 km 3 25 Kisten 4 228 Sitzplätze 5 955 Zuschauer 6 504 € 7 522 € 8 98 € 9 13 kg

**Test 12**
1 52 ct, 87 ct, 51 ct, 75 ct 2 5,62 €, 21,89 €, 5,71 €, 36,44 € 3 3,65 € 4 69,70 € 5 3,66 € 6 2,68 € 7 199,54 € 8 16,72 € 9 1,10 €

**Test 13**
1 3,47 m, 8,03 m, 5,63 m, 2,09 m 2 12,18 m, 6,44 m, 4,37 m, 4,65 m 3 3,99 m 4 65,65 m 5 5,93 m 6 3,43 m 7 1,55 m 8 1,74 m 9 6,10 m

**Test 14**
1 355 min, 648 min, 217 min, 558 min 2 16.50 Uhr, 6.07 Uhr, 11.41 Uhr, 23.35 Uhr 3 7.33 Uhr 4 20.40 Uhr 5 2 h 24 min 6 10 min 7 8 h 45 min 8 4 h 54 min 9 11.12 Uhr 10 55 min 11 16.50 Uhr

**Test 15**
1 20 Patienten 2 680 Besucher 3 6 € 4 900 km 5 200-Euro-Scheine 6 469 km 7 490 € 8 20 € 9 85 € 10 680 € 11 336 Personen 12 22,15 € 13 10,90 € 14 1,50 m 15 9.03 h 16 16.37 Uhr